myBook+

W0108512

Ein neues Leseerlebnis

Lesen Sie Ihr Buch online im Browser – geräteunabhängig und ohne Download!

Und so einfach geht's:

– Gehen Sie auf **https://mybookplus.de**, registrieren Sie sich und geben Sie
  Ihren Buchcode ein, um auf die Online-Version Ihres Buches zugreifen zu können
– **Ihren individuellen Buchcode finden Sie am Buchende**

Wir wünschen Ihnen viel Spaß mit myBook+!

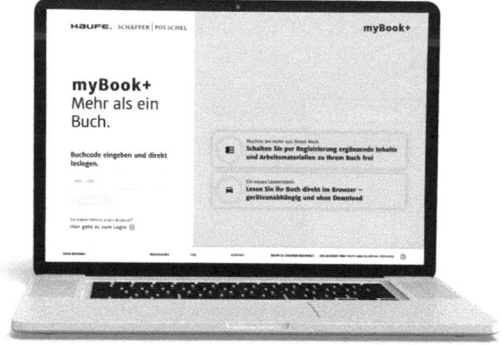

Campus-Recruiting

Meike Terstiege

Campus-Recruiting

Hochschulen als »Place to be« für die Rekrutierung von Talenten

1. Auflage

Schäffer-Poeschel Verlag Stuttgart

Bibliografische Information der Deutschen Nationalbibliothek

Die Deutsche Nationalbibliothek verzeichnet diese Publikation in der Deutschen Nationalbibliografie; detaillierte bibliografische Daten sind im Internet über http://dnb.dnb.de/ abrufbar.

Print:	ISBN 978-3-7910-5931-0	Bestell-Nr. 14175-0001
ePub:	ISBN 978-3-7910-5932-7	Bestell-Nr. 14175-0100
ePDF:	ISBN 978-3-7910-5933-4	Bestell-Nr. 14175-0150

Meike Terstiege
Campus-Recruiting
1. Auflage, März 2024

© 2024 Schäffer-Poeschel Verlag für Wirtschaft · Steuern · Recht GmbH
www.schaeffer-poeschel.de
service@schaeffer-poeschel.de

Bildnachweis (Cover): © bsd studio, iStock

Produktmanagement: Dr. Frank Baumgärtner
Lektorat: Susanne Mall, Altbach | conscripto.de

Schäffer-Poeschel Verlag Stuttgart
Ein Unternehmen der Haufe Group SE

Vorwort

Die heutige Welt unterliegt einem rasanten Wandel. Technologischer Fortschritt, sich verändernde Anforderungen an Arbeitsmärkte sowie vielfältige globale Entwicklungen wie Klimakrise und Kriege stellen uns alle vor immer größere Herausforderungen. In dieser dynamischen (und volatilen) Zeit wird deutlich: Wirtschaft und Unternehmen brauchen Talente, um die Zukunft nicht nur zu meistern, sondern auch zu gestalten. Allerdings müssen angesichts der demografischen Entwicklung und des zukünftig zunehmenden Fach- und Führungskräftemangels vollständig neue Ansätze und kreative Lösungen angedacht werden. Allein Innovation reicht nicht aus, Disruption ist notwendig, wenn es um Arbeitnehmer:innen sowie die Ansprache und die Rekrutierung von Mitarbeitenden geht.

Denn die Talente von heute und Arbeitnehmer:innen von morgen verlangen nach »New Work«, nach einem neuen Verständnis und Erleben von Arbeit, mit neuen Arbeitsformen wie Freelancing, flexiblen Arbeitszeiten, Remote Work, Homeoffice oder Co-Working-Spaces. »New Work« erfordert so auch ein neues Verständnis von (zukünftigen) Arbeitnehmer:innen, ihren Ansprüchen und Erwartungen, Kommunikationsverhalten und -kanälen sowie Ansprache und Recruiting.

Daher braucht es ein Umdenken, wenn es um das Gewinnen von Talenten geht. Wer die Talente von heute und die Fach- und Führungskräfte von morgen nicht nur rechtzeitig, sondern vor allem früher als andere Arbeitgeber(marken) erreichen möchte, kommt an den Themen Hochschulmarketing für Studierende und Campus-Recruiting von Studierenden nicht vorbei.

Denn Studierende sind nicht nur die Hoffnungsträger unserer Gesellschaft und Wirtschaft, sondern diejenigen, die die Innovationskraft, Inspiration und Kreativität besitzen, um die (Arbeits-) Welt von morgen erfolgreich zu gestalten. Ihr Wissen und ihre Fähigkeiten, aber auch ihre Begeisterung sind der Schlüssel zu einer erfolgreichen Zukunft für Wirtschaft und Unternehmen.

Und Hochschulen sind die Geburtsstätte von Wissen und Innovation. So spielen Hochschulmarketing und Campus-Recruiting eine zentrale Rolle, wenn es um die Ansprache von Talenten geht, um diese auf sich aufmerksam zu machen, für sich zu gewinnen und bereits vor dem Hochschulabschluss für sich zu begeistern – und so an sich zu binden. Dabei sind Kontakte zu Hochschulen und zu Hochschulakteur:innen genauso wichtig wie das Know-how zu den Zielgruppen Generation Z, Student:innen und Absolvent:innen.

Mit einem professionellen Arbeitgebermarketing an Hochschulen und dem Aufbau entsprechender Netzwerke eröffnet sich für Arbeitgeber die einmalige Möglichkeit, Studierende bereits vor dem Abschluss des Studiums anzusprechen, sich als attraktiver Arbeitgeber und interessante Arbeitgebermarke zu positionieren – und so die Nachwuchskräfte der Zukunft bereits während des Studiums und vor dem Studienabschluss für sich zu gewinnen.

Die Voraussetzung für ein erfolgreiches Hochschulmarketing und Campus-Recruiting ist dabei das Verstehen der Ansprüche und Bedürfnisse von Studierenden, d. h. den Talenten der Generation Z, das Knüpfen von Kontakten und Netzwerken an Hochschulen sowie das Know-how der erfolgversprechendsten Hochschulmarketing- und Campus-Recruiting-Instrumente.

In diesem Buch zeigen wir Ihnen die »Benefits & Barriers« von Hochschulmarketing und Campus-Recruiting als vielversprechendes Instrument im Kampf gegen den Fachkräftemangel. Wir betrachten Strategien und Stakeholder, Chancen und Hürden sowie »Dos & Don'ts« bei der Zusammenarbeit von Hochschulen und Unternehmen mit dem Ziel, Talente für Arbeitgeber zu begeistern.

Dieses Buch ist für alle Personalverantwortlichen und -entscheider:innen gedacht, die die Bedeutung von Weiterbildung, Talenten und Innovationen für das eigene Unternehmen erkennen. Es richtet sich an alle Arbeitgeber, die Initiative ergreifen wollen bzw. müssen. Und an alle Unternehmensvertreter:innen aus den Bereichen Employer Branding und Talent-Management, die ihre Arbeitgebermarke an Hochschulen proaktiv und frühzeitig gegenüber Studierenden platzieren und so eine vielversprechende Antwort auf den Fachkräftemangel geben wollen. Denn der Fach- und Führungskräftemangel betrifft uns alle.

Meike Terstiege
März 2024

Inhaltsverzeichnis

1 Status quo – Talente an der Quelle akquirieren

Der Fachkräftemangel und die daraus entstehende ungewohnte Problematik, mit Studie-renden als zukünftigen Arbeitnehmer:innen frühzeitig in Kontakt zu treten, stellt demnach für Unternehmen und Arbeitgeber eine Realität dar, die sie nicht länger ignorieren können. Denn Studierende haben heutzutage bereits vor ihrem Abschluss eine Fülle von (potenziellen) Arbeitgebern zur Auswahl. Nicht nur der Arbeitnehmermarkt, sondern auch der Bereich des Ta-lent-Recruiting und -Managements von Absolvent:innen muss in den Blick genommen werden. Diese Tatsache und Herausforderung verlangt nach innovativen Herangehensweisen. Es ist an der Zeit, im Bereich der sog. Human Resources umzudenken und Maßnahmen zu ergreifen, um Talente auf sich aufmerksam zu machen und für die eigene Arbeitgebermarke zu gewinnen (Flesch 2023).

Vor diesem Hintergrund bieten Campus-Recruiting und Hochschulmarketing nicht nur die Möglichkeit, Streuverluste bei der Ansprache von Talenten zu vermeiden und Studierende er-folgversprechend anzusprechen. Sie eröffnen vielmehr die Chance, so früh wie möglich mit Studierenden an Hochschulen in Kontakt zu treten und so Talente direkt an der Quelle für sich zu gewinnen. Allerdings erfordert diese Art der Personalakquise am Hochschulcampus ein grundlegendes Verständnis der dort agierenden Akteur:innen, d. h. sowohl der Hochschulver-treter:innen als auch der Talente der Generation Z, die ganz andere Ansprüche an Arbeit und Arbeitgeber haben als die Generationen davor (Klein 2023b).

Ein erfolgreiches Campus-Recruiting erfordert daher das Verstehen und Kennen der Hoch-schulnetzwerke sowie das Einschätzen der Talente der Generation Z. Ein Verständnis für diese Zielgruppen ist unabdingbar, wenn man erfolgreiche Hochschulmarketingstrategien entwi-ckeln und umsetzen will (Flesch 2023). Im Folgenden werden daher die Bedeutung der Instru-mente des Hochschulmarketings aufgezeigt sowie die relevanten Zielgruppen und Stakeholder im Rahmen einer Campus-Recruiting-Strategie beschrieben.

Denn nur wer das Leben und die Akteur:innen am Campus versteht, kann proaktiv auf die Ta-lente der Generation Z zugehen. Nur so können die besten Köpfe für Arbeitgeber gewonnen werden.

1.1 Campus-Recruiting und Hochschulmarketing – Talente an Hochschulen ansprechen

Unternehmen sehen sich heute und voraussichtlich auch zukünftig mit einem Arbeitnehmer-markt konfrontiert, der durch Faktoren wie immer schneller fortschreitende Technologien und insbesondere KI noch komplexer wird. Altbekannte Berufe verschwinden, während neue Berufsfelder sich beinahe täglich entwickeln, von denen potenzielle Arbeitnehmer:innen oft noch nichts wissen. So wird der Arbeitsmarkt immer vielfältiger und immer mehr spezialisierte Anforderungen und Angebote entstehen. Viele dieser Berufsmöglichkeiten sind auch Studierenden nicht bekannt, da sie entweder zu neu oder zu individuell bzw. spezifisch sind. Infolgedessen gibt es oft mehrere passende Hochschulabschlüsse für ausgeschriebene Vakanzen, z. B. Business Administration, Business Management oder International Management anstelle von BWL (GITNUX Redaktion 2022).

In dieser herausfordernden Landschaft ist es von entscheidender Bedeutung, dass Unternehmen im Personalwesen umdenken, das gesamte Thema »Personal« neu angehen und innovative Ansätze finden, um bereits frühzeitig mit Studierenden in Kontakt zu treten und deren Aufmerksamkeit zu gewinnen. Und genau hier kommt Campus-Recruiting als mittlerweile nicht nur vielversprechendes, sondern nahezu unverzichtbares Instrument im Recruiting von Studierenden zum Tragen. Die wichtigsten Ziele einer Campus-Recruiting-Strategie sind (Wolking 2022):

- Rekrutierung von Akademiker:innen
- frühzeitiges Binden von Talenten an Unternehmen
- Steigerung des Bekanntheitsgrads der Arbeitgebermarke
- Stärkung der Arbeitgebermarke
- Erweiterung des Talente-Netzwerks

Campus-Recruiting als Antwort auf den Fachkräftemangel
Campus-Recruiting ermöglicht es Unternehmen, direkt auf dem Hochschulcampus präsent zu sein, um sich als attraktive Arbeitgebermarke zu positionieren und potenzielle Talente zu gewinnen. Es bietet die Möglichkeit, frühzeitig mit Studierenden in den Dialog zu treten, ihnen Informationen bereitzustellen, die sie für das Unternehmen einnehmen, ihnen die Vielfalt der jeweiligen Berufsmöglichkeiten aufzuzeigen sowie sie über verschiedene Karrieremöglichkeiten aufzuklären. Dank eines strategischen Umdenkens im HR-Recruiting, des Setzens neuer Prioritäten im Personalwesen und einer proaktiven Herangehensweise kann mittels Campus-Recruiting ein großer Teil des (zukünftigen) Fachkräftemangels bewältigt und können die besten Talente für Unternehmen und Arbeitgeber gewonnen werden (Personalwissen 2022).

So gewinnen die Themen Campus-Recruiting und Hochschulmarketing sicherlich auch in Zukunft an Bedeutung, der Fachkräftemangel führt bereits jetzt zu (zu vielen) unbesetzten oder auch nicht adäquat besetzten Stellen und verlangt nach einer Lösung. Gleichzeitig sinkt die Zahl an Studierenden, sodass potenzielle und qualifizierte Arbeitnehmer:innen bzw. Akademiker:innen immer weniger verfügbar sind. Außerdem stellen die zunehmende Flexibilität und Digitalisierung der potenziellen Arbeitnehmer:innen viele Arbeitgeber vor ungewohnte Herausforderungen, da die flexibel eingestellte und digital aufgewachsene Generation der Arbeitnehmer:innen der Generation Z schnell das Interesse an einem Arbeitgeber verliert und sich ebenso schnell umorientiert (Bieber 2023).

Proaktivität als Antwort auf den Arbeitnehmermarkt

Um den Bedürfnissen vielversprechender und qualifizierter Studierender der Generation Z bei der Wahl ihres Arbeitsplatzes und Arbeitgebers gerecht zu werden, sind neue und innovative Rekrutierungsmethoden erforderlich. Es geht nicht mehr nur um die Quantität, sondern vor allem um die Qualität sowie um den Stil und die Tonart der Rekrutierung. Denn das HR-Recruiting hat sich grundlegend verändert: Unternehmen müssen sich (proaktiv bis offensiv) bei den Talenten der Generation Z bewerben, anstatt passiv darauf zu warten, dass diese sich ihrerseits auf vakante Stellen bewerben (Jechorek 2022).

In einer Zeit, in der der Arbeitsmarkt von den Arbeitnehmer:innen bestimmt wird, müssen Unternehmen auf eine völlig neue Art und Weise agieren, um Studierende für sich zu gewinnen. Sie müssen proaktiv um Talente werben und sich bei den Studierenden »bewerben« bzw. zumindest um sie werben. Arbeitgeber und potenzielle Vorgesetzte müssen zum einen die Studierenden davon überzeugen können, dass genau ihr Unternehmen der ideale Ort für die berufliche Entwicklung und Erfüllung der Talente ist – und zum anderen zeigen, dass sie um die Wichtigkeit von Mentoring und Förderung wissen, um den Studierenden eine vielversprechende berufliche Perspektive zu bieten (Jechorek 2022).

Personal(um)werbung statt Personalbeschaffung

Dies erfordert umgehend ein Umdenken in der Personalbeschaffung und eine personalisierte Herangehensweise. Der Wettbewerb um die besten Talente ist bereits intensiv und schnell, Unternehmen müssen daher früh ihre Einzigartigkeit und Attraktivität als Arbeitgeber gegenüber Studierenden als zukünftigen Mitarbeiter:innen herausstellen. Sie müssen deutlich machen, warum sie die beste Wahl für die Studierenden sind, worin die Vorteile einer Zusammenarbeit für beide Seiten liegen, wie die Studierenden von einer Zusammenarbeit profitieren können und welche einzigartigen Möglichkeiten das Unternehmen ihnen bietet (Personio 2023).

HR-Recruiting wird zu HR-Marketing

Die zunehmend starke Position von Arbeitnehmer:innen auf dem Arbeitsmarkt, komplexer werdende Berufsbilder, der demografische Wandel sowie die Ansprüche der Generation Z stellen Arbeitgeber vor vollkommen neuartige Herausforderungen. Hochschulmarketing und Campus-Recruiting bieten eine Antwort auf die Herausforderungen des Arbeitsmarktes und dienen als Teilgebiet des Personalmarketings der gezielten Gewinnung von potenziellen Fach- und Führungskräften (Holtbrügge 2022).

Arbeitgeber werden zu Personalwerbern

Das Werben für die eigene Arbeitgebermarke an Hochschulen sowie die Ansprache und Rekrutierung von Studierenden stehen dabei auf der gemeinsamen Agenda von HR-, Employer-Branding- und Talent-Management-Teams von arbeitgebenden Unternehmen (Xavier 2021). Denn mittels der Rekrutierungsinstrumente Hochschulmarketing und Campus-Recruiting können

Studierende explizit im optimalen Zielgruppenfeld (mittels Hochschulmarketing) beworben und (mittels Campus-Recruiting) angeworben werden.

Arbeitgeber werden zu Personalmarken
Eine Absolventenrekrutierungsstrategie mit dem Ziel der Interaktion mit Studierenden und der Gewinnung von Studierenden, um diese nach Abschluss des Studiums einzustellen, lässt sich dabei auf vielfältige Weise umsetzen. Einige Instrumente im Hochschulmarketing und Campus-Recruiting erfolgen im Rahmen des Employer Branding, durch die Durchführung von speziellen Recruiting-Events, mittels Social Media und Networks oder auch durch Partnerschaften mit Hochschulen (Index Agentur 2023a; Talention 2023).

Absolvent:innen werden zu Arbeitgebermarken-Bewerter:innen
Die aktuelle Zielgruppe von (zukünftigen) Absolvent:innen zeichnet sich dabei hauptsächlich durch die Generation Z aus, bei der Arbeit vorrangig als Selbstverwirklichung betrachtet wird und nicht allein, geschweige denn primär, der Geldbeschaffung dient. Diese Arbeitnehmer-zielgruppen werden daher wählerischer in Bezug auf ihren Arbeitsplatz und auch bei ihren Karriereentscheidungen. Gleichzeitig sind zukünftige Absolvent:innen als Mitarbeiter:innen besonders interessant, da sie sich in der Regel durch eine überdurchschnittlich hohe Einsatz-bereitschaft und Motivation auszeichnen, denn eine schnelle berufliche Entwicklung steht im Fokus der Generation Z (Klein 2023c). Zudem ist digitales Know-how die Grundvoraussetzung für viele zukunftsweisende Berufe, sodass Unternehmen und Arbeitgeber durch Praktika oder Werkstudentenstellen für die Digital Natives frühzeitig praxisnahe Situationen anbieten.

Die für Arbeitgeber relevantesten Ansprüche und Kennzeichen der Studierenden und Absolvent:innen aus der Generation Z gegenüber einem Job und Arbeitgeber sind in der folgenden Abbildung 1 zusammengefasst.

	Gen Z (14–24 Jahre)		Gen Y (25–39 Jahre)
	1. hohes Einkommen in der Zukunft		1. attraktives Grundgehalt
	2. attraktives Grundgehalt		2. hohes Einkommen in der Zukunft
	3. vielfältige Aufgaben		3. professionelle Weiterentwicklung
	4. sichere Anstellung		4. sichere Anstellung
	5. Führungsaufgaben übernehmen		5. vielfältige Arbeitsaufgaben

Abb. 1: Ansprüche der Studierenden an Job und Arbeitgeber (eigene Abbildung nach Statista 2023)

HR = proaktives Sourcing und hyperaktives Recruiting

Hochschulmarketing und Campus-Recruiting steigern die Rekrutierungschancen, zugleich sinkt die Wahrscheinlichkeit von Fehlbesetzungen, da durch das proaktive Werben um Absolvent:innen den Studierenden im Bewerbungs- und Auswahlprozess Arbeit und Aufwand abgenommen wird; u. a. findet aus der Sicht der Absolvent:innen der gesamte HR-Prozess im gewohnten Umfeld statt und erfordert meistens wenig aktive Eigeninitiative von ihrer Seite (HR Rocket 2023). Aber vor allem die um Talente werbenden Arbeitgeber haben Vorteile durch Hochschulmarketing und Campus-Recruiting, da z. B. vergleichbare und ähnliche Kompetenzen der Studierenden derselben Universitäten bzw. Hochschulen vorausgesetzt werden können und die persönliche Kontaktaufnahme zu Studierenden so auf beiden Seiten zu höheren Erfolgschancen im Bewerbungsprozess führt.

Die Vorteile des Rekrutierens von Studierenden und Absolvent:innen an Hochschulen sind in der folgenden Abbildung 2 aufgeführt.

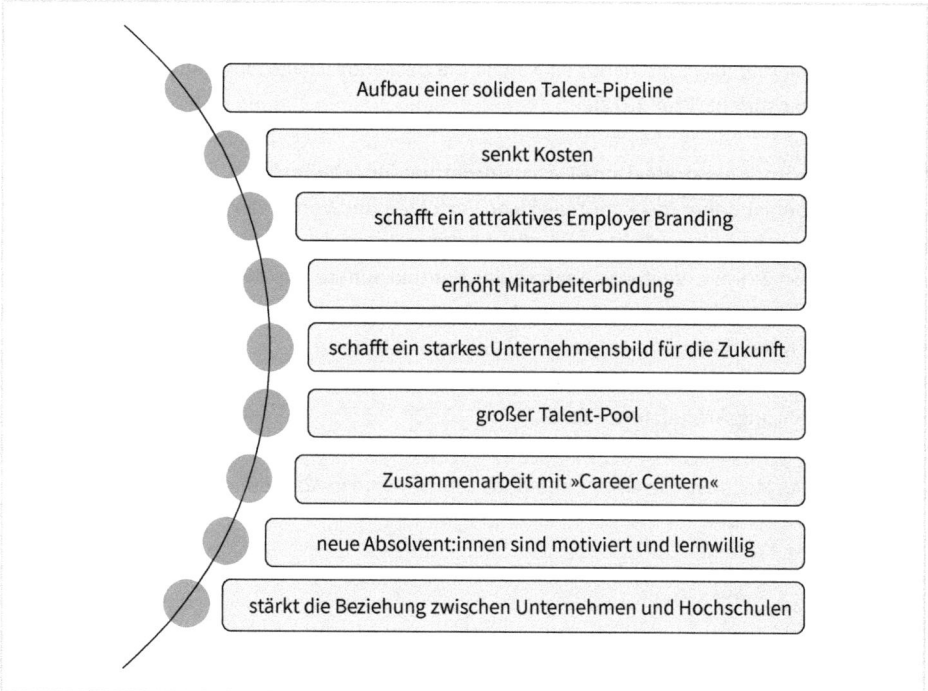

Aufbau einer soliden Talent-Pipeline

senkt Kosten

schafft ein attraktives Employer Branding

erhöht Mitarbeiterbindung

schafft ein starkes Unternehmensbild für die Zukunft

großer Talent-Pool

Zusammenarbeit mit »Career Centern«

neue Absolvent:innen sind motiviert und lernwillig

stärkt die Beziehung zwischen Unternehmen und Hochschulen

Abb. 2: Vorteile des Campus-Recruiting (eigene Abbildung nach Martinez 2022)

1.2 Candidate Journey, Candidate Touchpoints und Candidate Experience

Um Studierende auf sich als Arbeitgeber aufmerksam zu machen und zudem ihr Interesse längerfristig auf sich zu ziehen, sind die Themen Employer Branding und Employer Value Proposition von Bedeutung, ebenso die Candidate Journey, Candidate Touchpoints und Candidate Experience sowie die Candidate Persona.

1.2.1 Candidate Journey – Kandidat:innen begleiten

Die Generation Z verlangt nach Informationen zu (potenziellen) Arbeitgebern und nach Details zu (potenziellen) Jobs. Unternehmen müssen derartige Informationen konsequent und kontinuierlich liefern. Wichtig ist daher die Analyse der Candidate Touchpoints, d. h. welche Informationen man wann und über welche Kanäle als arbeitgebendes Unternehmen der Generation Z zur Verfügung stellen muss, welche Netzwerke und Plattformen für die Generation Z Priorität haben und wie man über die richtigen Kanäle die passende Zielgruppe von Arbeitnehmer:innen adäquat anspricht (Prax 2022).

Candidate Journey als strategische Herausforderung für Arbeitgeber
Für Arbeitgeber ist daher das kontinuierliche Verfolgen und Verstehen der Candidate Journey im Kontext ihrer Recruiting-Strategie maßgeblich für ein erfolgreiches Recruiting von Talenten der Generation Z. Die detaillierte Analyse der Kontaktpunkte mit Kandidat:innen (Candidate Touchpoints), über die man als Arbeitgeber Talente ansprechen kann, sowie der einzelnen Schritte, die Kandidat:innen während der Suche nach und bei der Entscheidung für einen Arbeitgeber gehen, ermöglicht das erfolgreiche Recruiting von Nachwuchsfachkräften und Nachwuchsführungskräften (Prax 2022).

Die wichtigsten Meilensteine einer Candidate Journey sind in Abbildung 3 zusammengefasst.

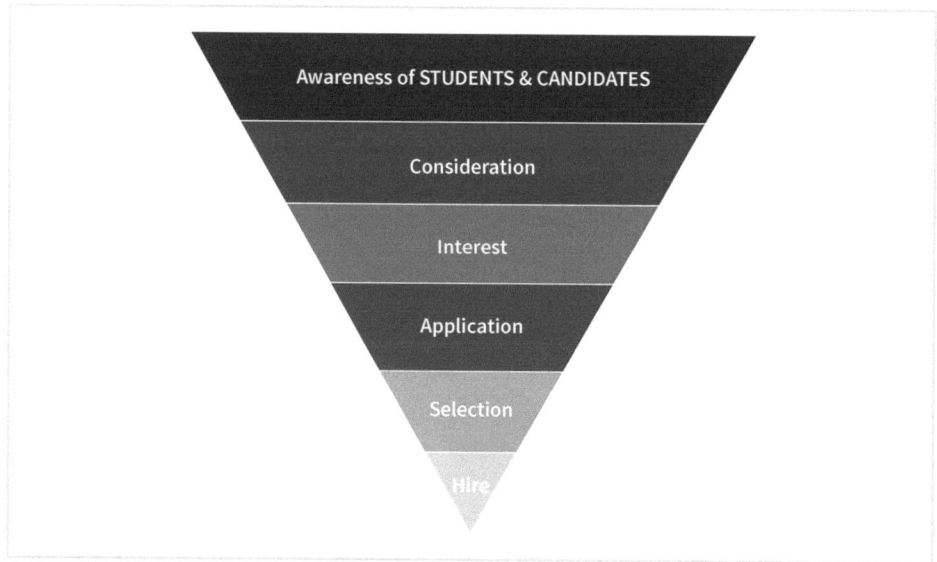

Abb. 3: Meilensteine der Student & Candidate Journey (eigene Abbildung nach Talentlyft 2023a)

Die Aufgaben und Ziele entlang der Candidate Journey zeigt Abbildung 4.

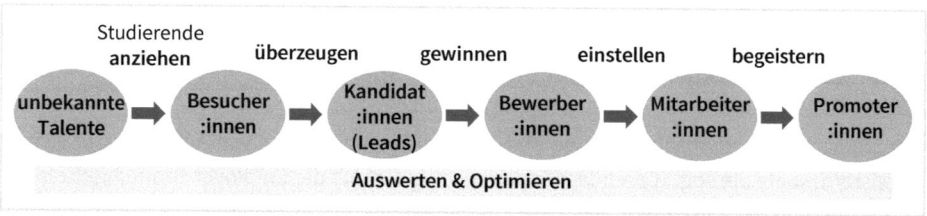

Abb. 4: Aufgaben und Ziele entlang der Student & Candidate Journey (eigene Abbildung)

1.2.2   Candidate Touchpoints – Kandidat:innen ansprechen

Hinsichtlich der Candidate Touchpoints beginnen die meisten Talente der Generation Z ihre Stellensuche und Recherche auf Indeed oder StepStone und gehen auf die Social-Media-Kanäle der für sie interessanten Unternehmen (u. a. Instagram, YouTube und LinkedIn). Immer weniger besuchen (pro)aktiv die Websites und Karriereseiten potenzieller Arbeitgeber sowie Bewertungsportale wie Kununu (HR Monkeys 2023a).

Candidate Touchpoints als Chance des Kandidatenkontaktes
HR-Bewerbungsportale, bei denen sich interessierte Talente registrieren und Unterlagen hochladen müssen, eignen sich vor allem aufgrund des damit verbundenen Aufwandes sowie der von den Bewerber:innen wahrgenommenen Intransparenz nicht mehr als Recruiting-Instrumente der Generation Z – vielmehr wirken sie teils sogar abschreckend auf Talente (Rosentreter 2022).

Die wichtigsten Kontaktpunkte entlang der Candidate Journey sind in Abbildung 5 zusammengefasst.

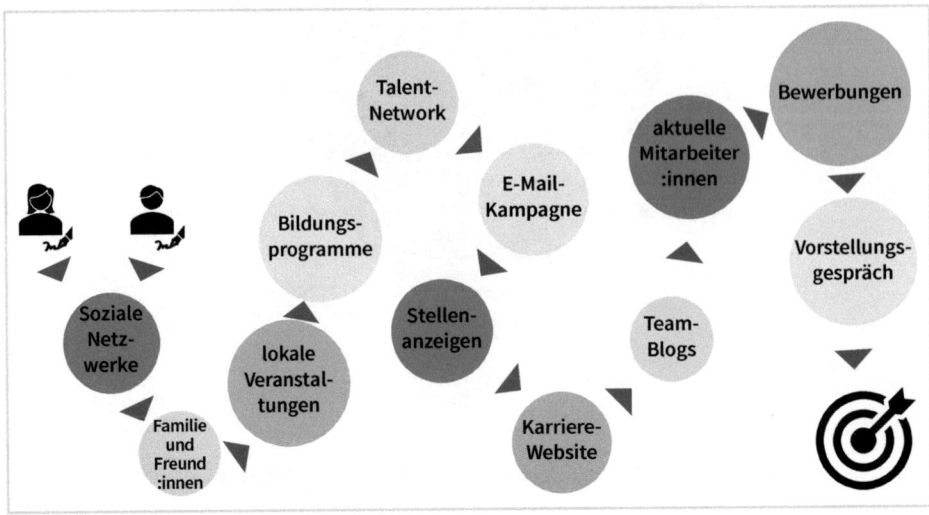

Abb. 5: Candidate Touchpoints (eigene Abbildung nach Harver 2020)

1.2.3 Candidate Experience – Kandidat:innen überzeugen

Um Studierende und Absolvent:innen im HR-Rekrutierungsprozess von Anfang an für sich zu begeistern, sollte die sog. »Candidate Experience« innerhalb der Employer-Branding-Strategie Priorität haben. Sie beschreibt, wie Bewerber:innen den (potenziellen) Arbeitgeber während des gesamten Bewerbungsprozesses, d.h. vom ersten Sehen und Lesen der Stellenanzeige bis zum Finale des Onboardings, wahrnehmen – und sich dabei fühlen. Wenn es Arbeitgebern mittels der Candidate Experience von Anfang an gelingt, einen positiven ersten Eindruck zu schaffen, steigt die Chance, dass sich Kandidat:innen für das Unternehmen entscheiden (HAUFE 2023a).

Candidate Experience als ganzheitliches Erlebnis aller Unternehmenskontakte
Richtungsweisende Leitfragen zum Reflektieren und Optimieren der Candidate Experience seitens arbeitgebender Unternehmen sind u.a.:
- **Stellenanzeigen**
  Hebt sich die Stellenanzeige positiv vom Wettbewerb im Besonderen und auch von der Masse im Allgemeinen ab? Inwiefern sticht die Stellenanzeige positiv heraus?!
- **Website**
  Sind der Aufbau und das Layout der Karriereseite ansprechend, übersichtlich und intuitiv? Können Bewerbungsunterlagen schnell und unkompliziert hochgeladen werden? Oder gibt es Hürden wie das Ausfüllen komplexer Formulare beim Einreichen von Bewerbungen?!

- **Feedback**

  Bekommen Bewerber:innen umgehend und unkompliziert Feedback auf ihre Fragen? Ist das Unternehmen 24/7 und über mehrere Kanäle erreichbar?!

- **Interview**

  Wie fühlt sich die Interviewsituation für Kandidat:innen an? Partnerschaftlich und auf Augenhöhe oder etwa einschüchternd und hierarchisch? Werden Talente in einen Talent-Pool aufgenommen, um gegebenenfalls später nochmals in Gespräche einzusteigen?!

Candidate Experience durch Authentizität, Konsistenz und Transparenz

Die für die Generation Z relevantesten Faktoren zum Schaffen einer gelungenen Candidate Experience, d. h. eines attraktiven und zugleich stringenten Eindrucks, den man als Bewerber:in von einem potenziellen Arbeitgeber bekommt, sind:

- **Konsistenz**

  Einheitlichkeit vom Erstkontakt bis zu Vertragsunterschrift und Onboarding

- **Transparenz**

  Einblicke in Abteilungen und Teams sowie in deren Arbeitsalltag

- **Authentizität**

  Beschreibung der Unternehmens-, Arbeits- und Teamkultur

- **Insights**

  die detaillierte Darstellung des gesamten Bewerbungsprozesses, die Vorstellung von Mission, Vision und Unternehmenswerten – durch den Einsatz von »Best Practice«-Beispielen, Videos und Fotos sowie den Blick »hinter die Kulissen« des Unternehmens (siehe Abbildung 6) (Rosentreter 2022)

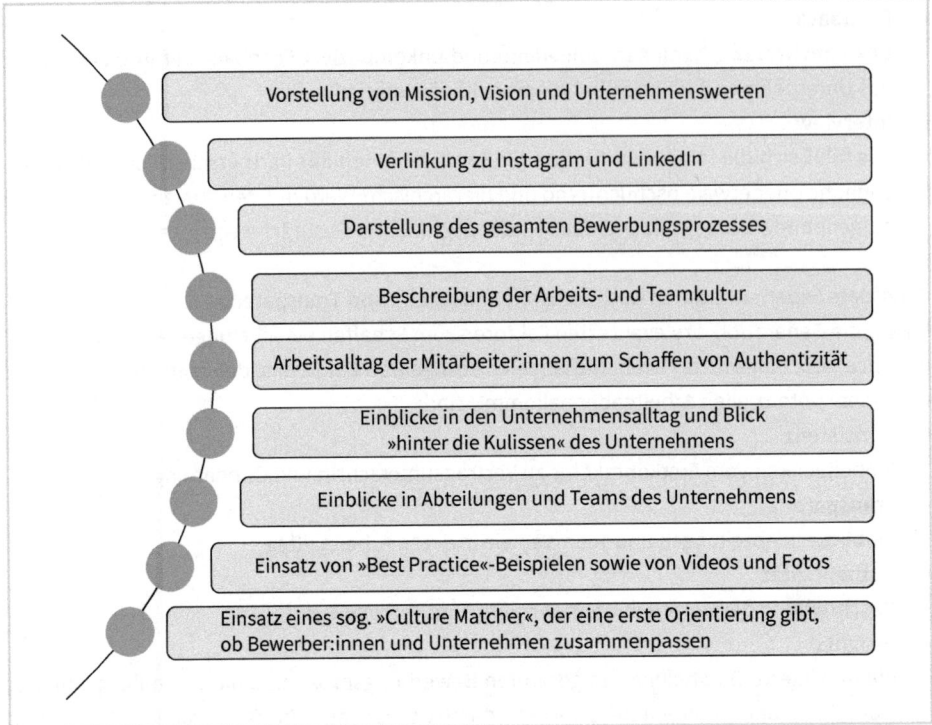

Abb. 6: Experience durch u.a. Authentizität, Konsistenz und Transparenz (Quelle: Terstiege 2023)

Eine Zusammenfassung erfolgreicher Candidate-Experience-Elemente ist Abbildung 7 zu entnehmen.

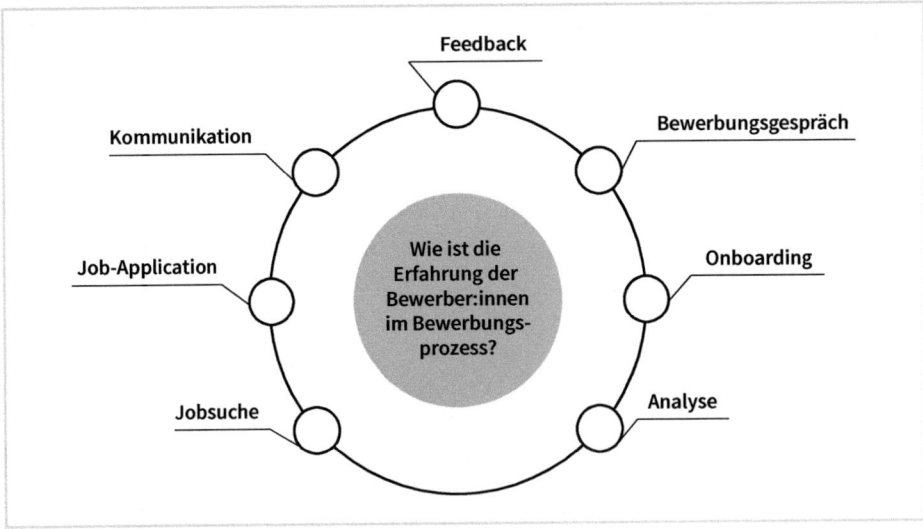

Abb. 7: Candidate-Experience-Elemente (eigene Abbildung nach Biswas 2021)

Ein innovatives und erfolgversprechendes Instrument im Rahmen der Candidate Experience ist dabei der sog. »Culture Matcher«, der erste Anhaltspunkte gibt, ob Studierende als Bewerber:innen und Unternehmen, d.h. potenzielle Arbeitnehmer:innen und Arbeitgeber, zusammenpassen. Zudem entscheidend für eine erfolgreiche Candidate Journey und Experience sind die Geschwindigkeit und die Transparenz des gesamten Bewerbungsprozesses (Maas 2019). Bewerber:innen wollen heute zeitnah informiert und ständig up to date gehalten werden, wollen wissen, wie der Stand ihrer Bewerbung ist, d.h. wer auf Arbeitgeberseite die Bewerbung aktuell vorliegen hat, nach welchen Kriterien und in welchem Zeitraum ihre Bewerbung bewertet wird und wie lange man auf eine Antwort bzw. eine Entscheidung zu warten hat – und warum.

Die wichtigsten Faktoren für das Erreichen einer exzellenten Candidate Experience sind in der folgenden Abbildung 8 zusammengefasst.

Kommunikation mit Bewerber:innen
01
Erklären Sie den Bewerber:innen jeden Schritt des Bewerbungs- und Einstellungsprozesses.

Auf Zeittransparenz achten
02
Bewerber:innen mitteilen, wie lange man für die Bewerbungssichtung brauchen wird. Bewerber:innen wissen es zu schätzen, dass man transparent ist.

Feedback von Bewerber:innen einholen
03
Die Einführung eines Feedback-Prozesses, z. B. via Umfrage oder Fragebogen, kann Unternehmen beim Finetuning des Prozesses helfen.

Erfahrung der Bewerber:innen im Mittelpunkt
04
Wir alle waren schon einmal auf der anderen Seite des Einstellungsprozesses. Die Gestaltung eines Einstellungsprozesses aus der Sicht der Bewerber:innen kann dazu beitragen, unrealistische Erwartungen zu überwinden.

Aufmerksam und einladend sein
05
Aufmerksam und einladend sein. Auf Details achten – alles tun, damit sich Bewerber:innen wohlfühlen, um einen positiven Eindruck zu hinterlassen.

Abb. 8: Candidate-Experience-Faktoren & Tipps für ein positives Bewerbungserlebnis (eigene Abbildung nach RGBSI 2022)

1.2.4   Candidate Persona – Kandidat:innen »prototypisieren«

Als Grundlage für eine gelungene Candidate Journey und Experience ist die Candidate Persona zu betrachten. Sie verkörpert ein fiktives und zugleich prototypisches Profil des idealen Kandidaten bzw. der idealen Kandidatin für einen Arbeitgeber. Basierend auf Marktforschungsdaten zu möglichen Kandidat:innen und auf den realen Anforderungen, die ein Arbeitgeber an Bewerber:innen stellt, ist die Candidate Persona die Darstellung des Ideals eines für eine bestimmte Vakanz geeigneten Kandidaten bzw. einer adäquaten Kandidatin.

Beispiele für die vielfältigen Kriterien und unterschiedlich komplexen Darstellungsmöglichkeiten einer Candidate Persona sind im Folgenden in den Abbildungen 9, 10 und 11 wiedergegeben.

Hintergrund	Ziele
arbeitet bei Wettbewerber M.Sc. in relevantem Fach	viel Lernen in kurzer Zeit schnell aufsteigen

Erfahrung	Probleme
2–5 Jahre Arbeitserfahrung hat ein Team geführt	genervt von Bürokratie gegen langatmige Prozesse

Fähigkeiten	Internet
Salesforce Marketo	FiveTeams-Marktplatz Social Media

Abb. 9: Candidate Persona, Beispiel 1 (eigene Abbildung nach FiveTeams 2023)

Person

- Geschlecht: LARA – weiblich
- Alter: 26 Jahre
- Familienstand: verlobt
- Nationalität: deutsch
- Geburtsort: Lüneburg
- Wohnort: Lüneburg

Charakter

- selbstständig und proaktiv
- fühlt sich aktuell unterfordert
- macht sich viele Gedanken
- Probleme werden erst mit sich selbst geklärt
- Mutter ist wichtige Bezugsperson
- kämpft um Anerkennung
- Treiber: persönliche Weiterentwicklung, neue Herausforderungen

Sozialer Hintergrund

- Bürokauffrau, mit Dualem Studium
- 5 Jahre Berufserfahrung in der Bank
- Verlobter ist auch Banker
- wohnt noch zur Miete, Haus ist in Planung

Interessen

- Laufen
- Reiten
- Ernährung

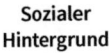

Erwartungen an Arbeitgeber

- attraktive Arbeitsaufgaben
- persönliche Entwicklung
- Sicherheit
- Team
- Weiterbildung

Abb. 10: Candidate Persona, Beispiel 2 (eigene Abbildung nach Folz 2017)

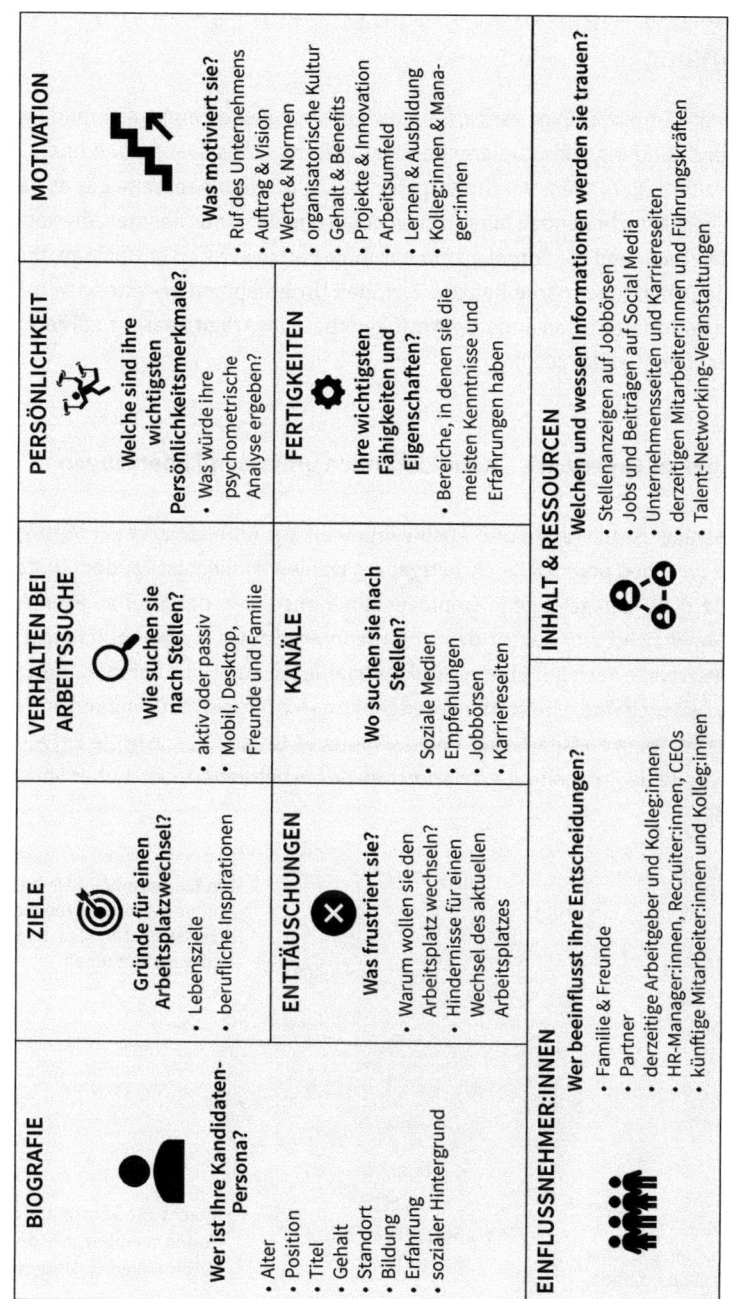

Abb. 11: Candidate Persona, Beispiel 3 (eigene Abbildung nach Talentlyft 2023b)

1.3 Employer Experience, Employer Branding und Employee Branding

Die Instrumente Employer Experience, Employer Branding und Employee Branding dienen der Ansprache und Bindung von Studierenden als zukünftige Absolvent:innen und vor allem als potenzielle Mitarbeiter:innen. Von Arbeitgeber- und Unternehmensseite gilt es dabei, sich in die (zukünftigen) Mitarbeitenden hineinzuversetzen und das Unternehmen, die konkrete Tätigkeit sowie Team und die Vorgesetzten aus ihrer Perspektive zu betrachten. Die sich dabei entwickelnde Arbeitgebermarke hat das Ziel, das Unternehmen als attraktiven Arbeitgeber darzustellen und zugleich von anderen Wettbewerbern im Arbeitsmarkt zu differenzieren und positiv abzuheben (Geißler 2020).

1.3.1 Employer Experience – Kandidat:innen umfassend überzeugen

Da immer weniger Studierende und Absolvent:innen am Arbeitsmarkt zur Verfügung stehen und deshalb zwischen potenziellen Arbeitgebern wählen können, ist vor dem Hintergrund des Fachkräftemangels eine gelungene Employer Experience, d. h. das Erleben einer Arbeitgebermarke, ein unverzichtbarer Faktor des Unternehmenserfolgs (siehe Abbildung 12) und entscheidet mittlerweile auch mit über die Zukunftsfähigkeit von Unternehmen. Bestandteile der Employer Experience sind eine starke Arbeitgebermarke (Employer Branding), ein engagiertes und involviertes Team an Mitarbeiter:innen (Employee Branding) sowie die Entwicklung einer EVP (Employer Value Proposition = Versprechen des Arbeitgebers gegenüber Mitarbeitenden) (Klein 2023a).

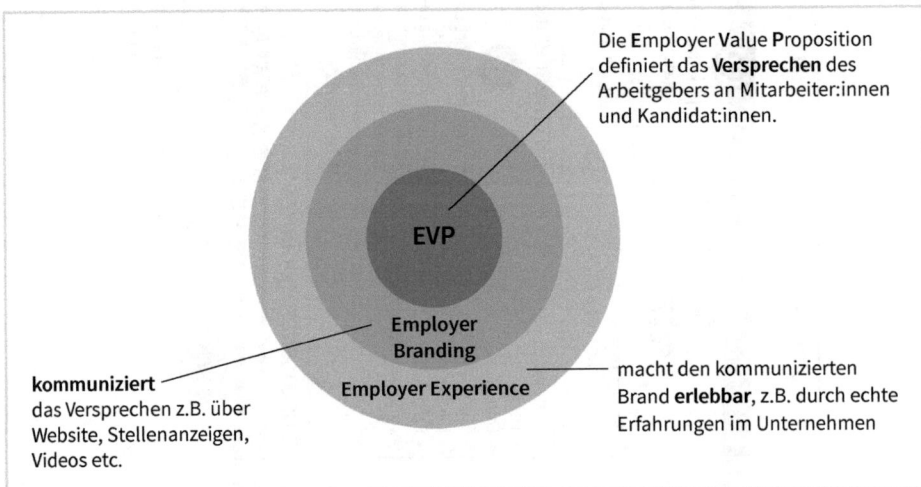

Abb. 12: Employer Experience als Grundlage des Unternehmenserfolgs (eigene Abbildung nach Junges Herz 2023)

1.3.2   Employer Branding – Unternehmen als Arbeitgebermarke positionieren

Eine bekannte, attraktive sowie glaubwürdige Arbeitgebermarke zählt zu den entscheidenden Erfolgsfaktoren im »War for Talents«. Unternehmen müssen daher zukünftig proaktiv als Arbeitgeber mit ihrer Arbeitgebermarke werben, um die Zielgruppe der Studierenden für sich zu gewinnen. Employer Branding verfolgt das Ziel, seitens potenzieller Arbeitnehmer:innen als attraktiver Arbeitgeber wahrgenommen zu werden, sich als unique Arbeitgebermarke von den Wettbewerbern auf dem Arbeitsmarkt abzugrenzen und vor allem abzuheben (HAUFE 2023b). Durch eine unverwechselbare Positionierung und ein positives Arbeitgeberimage erleichtert Employer Branding den gesamten Recruiting-Prozess und beeinflusst letztlich u. a. die Unternehmensinvestitionen und -ausgaben positiv (siehe Abbildung 13).

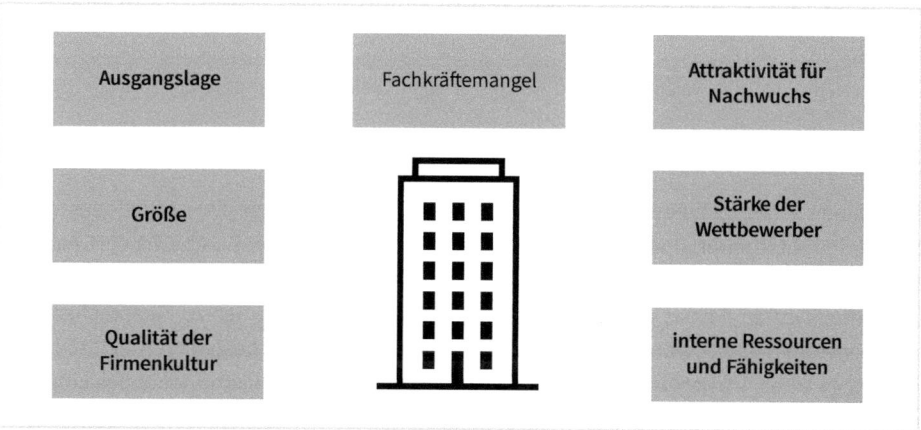

Abb. 13: Einfluss von Employer Branding & Arbeitgeberfaktoren auf Unternehmensausgaben (eigene Abbildung nach Schoch 2022)

Im Rahmen des Employer Branding tragen u. a. die folgenden Faktoren zur Stärkung der Arbeitgebermarke sowie zu einer erfolgreichen Rekrutierung der Talente der Generation Z vonseiten der Arbeitgeber bei: die Vorstellung des Teams von Kolleg:innen und Vorgesetzten, die Darstellung der Arbeitsatmosphäre und Arbeitskultur, inklusive einer ausgeprägten Feedback- und Fehlerkultur, die Wertschätzung von Mitarbeiter:innen sowie die Kommunikation dieser Faktoren auf den entsprechenden digitalen Plattformen.

Weitere Faktoren einer gelungenen Arbeitgebermarke und -positionierung sind in Abbildung 14 zusammengefasst.

Abb. 14: Faktoren einer gelungenen Arbeitgebermarke und -positionierung (eigene Abbildung nach Junges Herz 2023c)

1.3.3 Employee Branding – Mitarbeiter:innen als Multiplikatoren präsentieren

Im Rahmen des Employee Branding, d.h. dem Aufbau und der Pflege einer Arbeitnehmermarke, werden Mitarbeiter:innen zu Botschafter:innen des Unternehmens. Dabei ist die Candidate Experience als Teil des Employee Branding zu verstehen – gelingt sie, werden Kandidat:innen zu Multiplikatoren für das Unternehmen und Mitarbeiter:innen werden zu Fürsprecher:innen für ihren Arbeitgeber. Da Student:innen und Absolvent:innen meist bestens vernetzt sind, wird das Image eines Arbeitgebers so sehr schnell weitergetragen. Als Instrumente des Employee Branding dienen bspw. Mitarbeiterblogs, XING- und LinkedIn-Profile von Mitarbeiter:innen, Storytelling in Advertorials oder redaktionellen Beiträgen bzw. im Rahmen von Social-Media- und Influencer-Recruiting-Kampagnen. Arbeitgeber müssen daher ein Verständnis dafür schaffen, dass Mitarbeiter:innen gerade für die Zielgruppe der Studierenden die glaubwürdigsten Botschafter:innen arbeitgebender Unternehmen darstellen und dass sie es (unverfälscht) nach außen tragen, wenn sie wertgeschätzt werden und sich somit in einem Unternehmen wohlfühlen (Hackel 2023).

1.3.4 Employer Value Proposition – Wert und Mehrwert für Mitarbeiter:innen

Die Entwicklung eines Nutzenversprechens (Employer Value Proposition / EVP) trägt als Teil des Employer Branding zu einer erfolgreichen Ansprache von Talenten und Studierenden bei. Denn das Nutzenversprechen eines Arbeitgebers an (zukünftige) Mitarbeiter:innen zu u.a. Unternehmens- und Arbeitskultur sowie -klima stellt einen weiteren bedeutenden Erfolgsfaktor im Recruiting dar. Hier wird deutlich gemacht, was Studierende als potenzielle Arbeitnehmer:innen an uniquen Vorteilen bei genau diesem einen potenziellen Arbeitgeber zu erwarten haben. Die für die Studierenden relevanten Vorteile sollten dabei die Bereiche Compensation (u.a. Gehalt, Beförderungen), Benefits (u.a. Urlaub, Freizeit), Career (u.a. Weiterbildung), Work Environment (u.a. persönliche Entwicklungsmöglichkeiten) und/oder Culture (u.a. Kolleg:innen, Management-Team) umfassen (siehe Abbildung 15) (Junges Herz 2021a).

EVP (Employer Value Proposition / Arbeitgeber) – WIIFM (What's in it for me? / Talente)				
Entschädigung	**Vorteile**	**Karriere**	**Arbeitsumfeld**	**Kultur**
Zufriedenheit mit Gehalt	freie Zeit	Chancen voranzukommen & Entwicklung	Anerkennung	Verständnis für Unternehmensziele
Zufriedenheit mit Vergütungssystem	Feiertage	Stabilität	Eigenständigkeit	Kolleg:innen
Verdienst & Beförderung	Versicherung	Ausbildung & Weiterbildung	persönliche Leistungen	Führungskräfte & Management
zeitlos	Zufriedenheit mit dem System	berufliche Entwicklung	Work-Life-Balance	Unterstützung
Fairness	Ruhestand	Bildung	Herausforderungen	Teamgeist
Bewertungssystem	Ausbildung	Bewertung & Feedback	Verstehen der eigenen Rolle	soziale Verantwortung
	Flexibilität		Verständnis von Herausforderungen	Vertrauen
	Familie			

Abb. 15: Elemente des Nutzenversprechens (EVP) (eigene Abbildung nach Unisite 2023)

Zur Entwicklung einer passenden EVP, die den Ansprüchen zukünftiger Mitarbeiter:innen und somit der Studierenden entspricht (siehe Abbildung 16), dienen die folgenden Fragen zur Orientierung:

- **Existenzberechtigung**
  Wofür steht man als Arbeitgeber und Unternehmen?
- **Differenzierung**
  Was hebt das eigene Unternehmen als Arbeitgeber(marke) von der Konkurrenz ab?
- **Kennzeichen**
  Was macht das Unternehmen als Arbeitgeber aus?
- **Charakteristika**
  Wofür steht man als Arbeitgeber bereits und wofür will man zukünftig stehen?
- **Mission & Vision**
  Was ist die langfristige Vision? Was treibt das Unternehmen dabei an?
- **Auszeichnung**
  Was macht das Unternehmen als Arbeitgeber einzigartig?
- **Startpunkt**
  Warum sollten Absolvent:innen und Alumni hier anfangen zu arbeiten?
- **Attraktivität**
  Inwiefern wirkt man als Arbeitgeber bereits attraktiv auf die Zielgruppe der Studierenden?
- **Proof Point**
  Warum sollten Kandidat:innen den EVP glauben?!

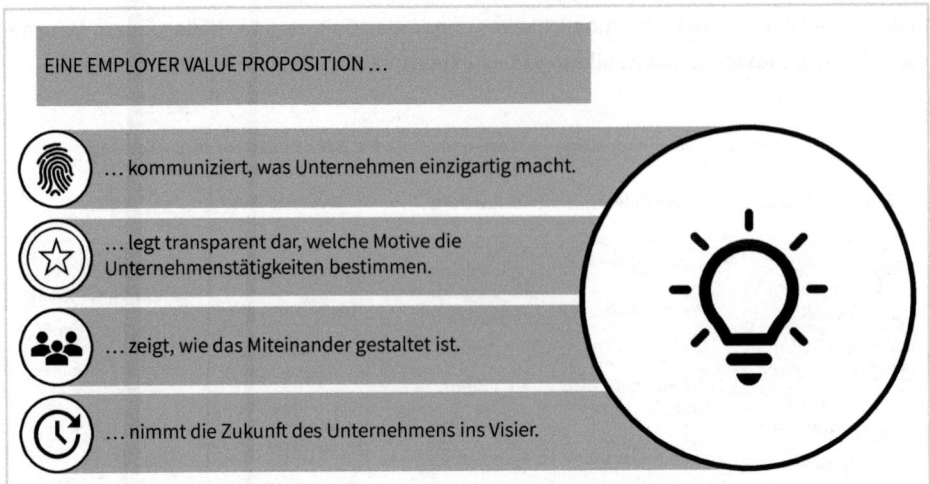

Abb. 16: Ansprüche von zukünftigen Mitarbeiter:innen an die EVP (eigene Abbildung nach Junges Herz 2021b)

2 Gegenwart – aktueller Aufbruch und Umbruch im Recruiting

Die Talente der Generation Z haben klare Vorstellungen von ihrem Leben und so auch von Arbeit und Arbeitswelt, von »ihrer« Art zu arbeiten und von »ihrem« Arbeitgeber. Um sie als zukünftige Mitarbeiter:innen für die unternehmenseigene Arbeitnehmermarke zu begeistern, um sie mittelfristig als zukünftige Fachkräfte an sich zu binden und sie langfristig zu Führungskräften zu entwickeln, muss diese Arbeitnehmerzielgruppe nicht nur verstanden, sondern auch akzeptiert werden.

2.1 Talente verstehen – Studierende der Generation Z: die Zielgruppe »Talente«

Das Verstehen der Talente von morgen und der Studierenden von heute ist der Schlüssel für ein erfolgreiches Campus-Recruiting und Hochschulmarketing. Die Eigenheiten und Eigenarten, durch die sich diese Zielgruppe auszeichnet, stoßen bei Arbeitgebern jedoch häufig auf Desinteresse oder Unverständnis – eine Einstellung, die sich in Zukunft kein Unternehmen und kein:e Unternehmer:in mehr leisten kann.

2.1.1 Charakteristika – Talente sind beanspruchte und anspruchsvolle Menschen

Die Studierenden und Absolvent:innen der Generation Z sind verunsichert, sie erwarten nicht (mehr) viel von der Zukunft. Als Konsequenz zeigen sie eine überdurchschnittliche Gegenwartsbezogenheit hinsichtlich persönlicher Aspekte ihres Lebens und Alltags sowie bezüglich Beruf und Karriere (Half 2022). Angesichts von Krisen und einer weiterhin grundsätzlich volatilen Lage in Politik und Wirtschaft versuchen sie, das dadurch entstehende Gefühl von Macht- und Wirkungslosigkeit mit einer eher pragmatischen Lebenseinstellung zu beantworten. Da viele von ihnen den Eindruck haben, keine großen Veränderungen bzw. Verbesserungen in der Welt bewirken zu können, konzentrieren sie sich mehr und mehr auf sich selbst. Gleichzeitig wollen und müssen sie sich mit ihrer Zukunft auseinandersetzen, fürchten diese aber zugleich. So kommt zur Sorge um die Zukunft der Menschheit und des Planeten ebenfalls die Sorge um die eigene Zukunft (Klauth 2022).

2.1.2 Zwiespalt – Talente fühlen sich hin- und hergerissen

Diese Generation von Studierenden sieht sich mit der Tatsache konfrontiert, dass längst nicht mehr alles steuerbar und beeinflussbar ist, sondern überwiegend von externen, d.h. ihrerseits wenig absehbaren und kaum steuerbaren, Fremdfaktoren abhängt. Ihr Leitmotiv ist daher weniger das für die vorherigen Generationen geltende der freien und selbstbestimmten Selbstentfaltung, sondern vielmehr ein realistisch-pragmatisches Prinzip der Selbsterhaltung (Terstiege 2023).

Wenn man im Großen nichts mehr bestimmen oder bewegen kann, bleibt einem nur noch das Kümmern um sich selbst (Dörre et al. 2019). Sich an Lebensumstände anzupassen, gewinnt an Bedeutung, da ein selbstbestimmtes (Mit-)Gestalten nicht mehr möglich erscheint oder sogar ist. Angesichts einer Kindheit und Jugend, die durch Krisen wie Klimawandel, Krieg, Pandemie, Inflation und Rezession geprägt waren und weiterhin sind (siehe Abbildung 17), sind Anpassungsfähigkeit und Flexibilität hinsichtlich externer Lebensumstände sowie das Verfolgen persönlicher Interessen und Wünsche mit Blick auf interne Lebensziele für diese Generation nicht nur notwendig, sondern selbstverständlich (Pentzlin 2022).

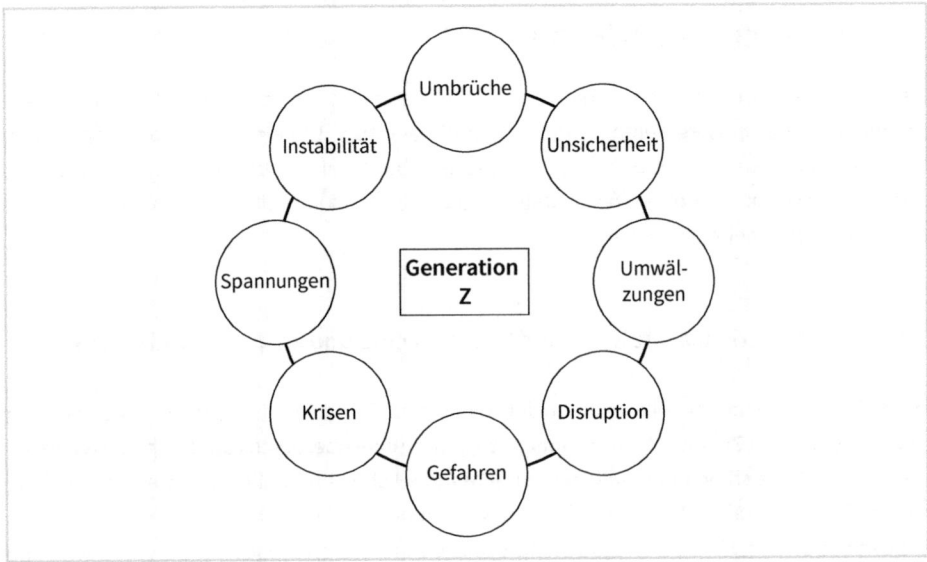

Abb. 17: Externe Faktoren volatiler Lebensumstände (Quelle: Terstiege 2023)

2.1.3 Überlebenstrieb – Talente zwischen Anpassung und Selbstbehauptung

Wenn es darum geht, zukünftige Herausforderungen zu meistern, erscheint den Studierenden der Generation Z daher das Anpassen an die jeweiligen Lebensumstände ebenso wichtig wie das Durchsetzen der eigenen Interessen. Das Verstehen dieses Zwiespaltes (siehe Abbildung 18), in dem sich diese Generation befindet, ist daher notwendig, um mit ihr in den Austausch treten zu können (Terstiege 2023).

Abb. 18: Talente der Generation Z im Zwiespalt (Quelle: Terstiege 2023)

2.1.4   Mitarbeitende – Talente sind neuartige Arbeitnehmer:innen

Die Position der Studierenden und Talente der Generation Z als Gruppe von (zukünftigen) Arbeitnehmer:innen ist außerordentlich stark, da sie aktuell und auch zukünftig auf dem Arbeitsmarkt so gefragt sind wie keine Generation zuvor. Denn schließlich bewerben sich heute Arbeitgeber um Arbeitnehmer:innen und Unternehmen müssen auf Bewerber:innen nicht nur aktiv, sondern proaktiv zugehen. Kein Unternehmen kann es sich mehr leisten, auf Bewerber:innen und ihre Bewerbung zu warten. Die Studierenden und Talente der Generation Z können aufgrund des Arbeitnehmermarktes und aufgrund ihres größtenteils überdurchschnittlichen Ausbildungslevels deutlich höhere Ansprüche an Arbeitgeber stellen als die vorangegangenen Arbeitnehmergenerationen (siehe Abbildung 19). Um den mittlerweile heiß begehrten Talenten entgegenzukommen, ist es erforderlich, dass Unternehmen und Arbeitgeber die Anschauungen und Ansichten der Generation Z verstehen (Terstiege 2023).

Abb. 19: Angebot und Anspruch der Talente der Generation Z (Quelle: Terstiege 2023)

2.1.5 Werte – Talente bewirken einen Wertewandel

Um Studierende und Talente adäquat anzusprechen und für sich zu gewinnen, muss man wissen, dass die Talente der Generation Z viele Werte (siehe Abbildung 20) (Terstiege 2023) …

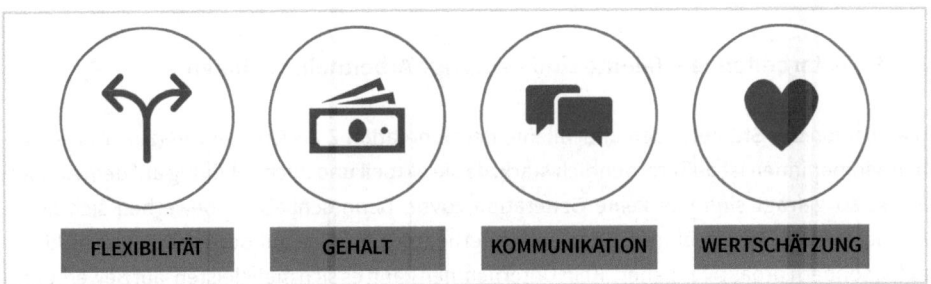

Abb. 20: Werte der Talente der Generation Z (Quelle: Terstiege 2023)

- **von Wirtschaft und Gesellschaft nachhaltig verändern.**
  Sie sind behütet aufgewachsen, dadurch häufig sensibel und leicht zu verunsichern bzw. schnell überfordert (siehe Abbildung 21) – und innerhalb des schützenden familiären Kokons mit Krisen groß geworden. Angesichts dieser Volatilität, Unsicherheit und Unplanbarkeit treten sie zum Eigenschutz mit harter Schale bzw. fordernd auf und verlangen vehement Veränderung und Transformation.
- **als gesellschaftliche Normen proaktiv verändern.**
  Sie bevorzugen Unternehmen als Arbeitgeber, die ihre Werte teilen und sie beim Verwirklichen ihrer Visionen unterstützen. Vor allem das proaktive Angehen gesellschaftlicher Probleme und das Übernehmen von Verantwortung für das Lösen dieser Probleme sollten dabei auf der Agenda von Arbeitgebern stehen.
- **anspruchsvoll und selbstbewusst bestimmen.**
  Sie sind sich ihres Wertes auf dem Arbeitsmarkt bewusst und geben sich entsprechend anspruchsvoll. Bei den Themen Gehalt und Finanzen machen sie keine Abstriche, denn für

ein Leben nach eigenen Vorstellungen brauchen sie eine entsprechende monetäre Ausstattung. Gleichzeitig ist ihnen die Freude an der Arbeit wichtig und wenn ihnen ein Job keinen Spaß macht, wechseln sie ihn einfach.

- **autark und selbstbestimmt priorisieren.**

  Sie erleben eine Welt im Wandel, nichts scheint mehr sicher. So zeigen sie sich reflektiert und kritisch, haben konkrete Pläne für die (un)mittelbare Zukunft und wollen ihr Leben selbst in die Hand nehmen. Die Bedeutung von Unabhängigkeit und Selbstbestimmung, insbesondere wenn es um den Beruf und die Karriere geht, ist daher ausgeprägt.

- **selektiv bei der Wahl ihres Umfeldes betrachten.**

  Sie suchen nach Menschen und so auch nach Arbeitgebern mit Meinung, Haltung und Werten sowie nach Antworten auf die Fragen, die sie als Generation umtreiben.

- **wie Vielfalt als Selbstverständlichkeit betrachten.**

  Die Talente der Generation Z legen bei Arbeitgebern Wert auf Diversität: Vielfältig orientierte und aufgestellte Unternehmen wertschätzen und integrieren Mitarbeiter:innen unabhängig von deren Geschlecht oder sexueller Orientierung, Alter oder Behinderung, Herkunft oder sozialem Status (Index Agentur 2023b). Der entsprechende (m/w/d)-Verweis in Stellenanzeigen, eine genderneutrale Sprache sowie barrierearme bzw. -freie Websites und Büroräume drücken aus ihrer Perspektive gelebte Vielfalt aus. Gleichzeitig ist Diversität für die Talente der Generation Z bereits ein »Standard«, mit dem sie aufgewachsen sind und den sie quasi selbstverständlich leben. So zeigen sie ein verändertes Verständnis von Rollenbildern und lehnen gleichzeitig vorurteilsbehaftete Sichtweisen von Menschen ab. Vielmehr erkennen sie die Vorteile einer diversen Gesellschaft und wollen diese auch bei Arbeitgebern widergespiegelt sehen.

- **im Kontext von Bestätigung und Lob sehen.**

  Mit Kritik umzugehen, fällt ihnen schwer, insbesondere da sie behütet mit dem (ständigen) Lob ihrer (stressvermeidenden) Eltern aufgewachsen sind. So haben viele von ihnen den Eindruck, nahezu fehlerlos zu sein, erleben Kritik dementsprechend als Ablehnung oder Angriff und erwarten demgegenüber eher ein überdurchschnittlich offensiv gezeigtes Maß an Wertschätzung (siehe Abbildung 21).

  UND

- **als eine Priorität sehen, für die sie einstehen.**

  Arbeitgeber, die ihre Werte teilen und sich für diese einsetzen, die ihre Sprache sprechen und ihrer Kultur entsprechen, werden als potenzielle Arbeitgeber bevorzugt.

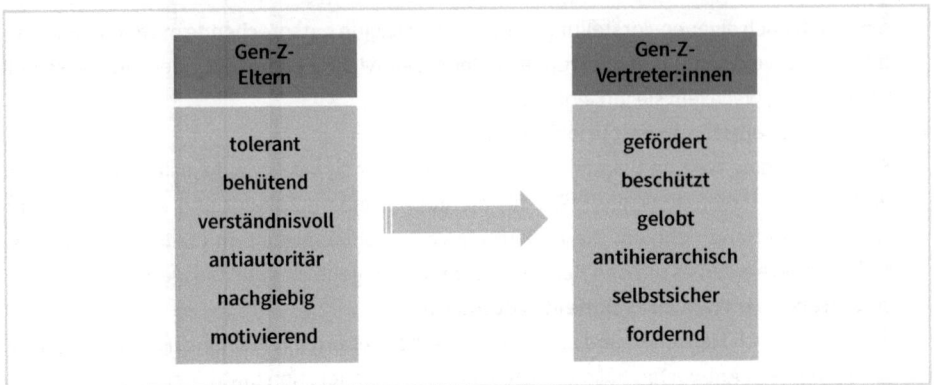

Abb. 21: Einfluss der Eltern der Talente der Generation Z auf ihre Kinder (Quelle: Terstiege 2023)

2.1.6 Engagement – Talente agieren anspruchsvoll und leistungsbereit

Um Studierende für sich zu gewinnen, muss man wissen, dass die Talente der Generation Z bezüglich Arbeit (Terstiege 2023; Index Agentur 2023b; Peek & Cloppenburg 2021) …

- **sich ein gerechtes Gehalt als Wertschätzung wünschen.**
  Sie erwarten ein Gehalt, das ihre Qualifikation und Leistung und so wiederum die Wertschätzung und Anerkennung des Arbeitgebers widerspiegelt. Angesichts der aktuellen und zukünftigen Probleme in Gesellschaft, Wirtschaft und Politik wächst ihr Wunsch nach einer adäquaten monetären Ausstattung, die ihnen Sicherheit verschafft.
- **sich nicht sonderlich für Jobs anstrengen müssen.**
  Sie genießen größtenteils Privilegien wie exzellente Bildung(smöglichkeiten), finanzielle Sicherheit oder auch Gleichstellung – und selbst für einen Arbeitsplatz müssen sie sich kaum mehr anzustrengen.
- **sich vor allem nach Gleichgewicht sehnen.**
  Sie wollen sich nicht verausgaben oder einen Burn-out erleben und kennen ihre Grenzen. Daher wissen sie sich frühzeitig gegen Ausbeutung und Überbelastung im Arbeitsleben zur Wehr zu setzen.
- **sich mit Arbeitgebern identifizieren wollen.**
  Unternehmen gewinnen als Arbeitgeber(marke) Studierende für sich, wenn sie sich nachvollziehbar und somit ohne »Washing Shitstorm«-Potenzial konsequent und glaubhaft für ein dieser Generation bedeutendes Thema einsetzen.
- **sich mit sinnvoller Arbeit beschäftigen möchten.**
  Sie wollen eine berufliche Tätigkeit, die einen Mehrwert für die Gesellschaft hat und etwas bewegt, einen Job mit »Purpose«. Sie sehnen sich nach einer Arbeit, die sich monetär lohnt und zugleich sinnstiftend ist, die einen konkreten Zweck erfüllt, Werte, Vertrauen, Wertschätzung und Zugehörigkeit widerspiegelt. Unternehmen, die den Sinn ihres Agierens am Markt nachvollziehbar belegen können, haben daher auf dem Arbeitsmarkt einen Wettbewerbsvorteil.

- **sich nicht mit einem althergebrachten Verständnis von Arbeit zufriedengeben.**
  Ihre beruflichen Vorstellungen entsprechen völlig neuen Prioritäten. Für sie ist u. a. ein (krisen)sicherer Arbeitsplatz wichtig, der eine soziale Absicherung garantiert, genauso wie gewisse Freiheitsgrade bei der Arbeitsplatzgestaltung.
- **sich dem Verständnis von Vorgesetzten gewiss sein möchten.**
  Sie wollen ernst genommen, wahrgenommen und gehört werden, wollen eigene Impulse und Ideen (um)setzen können, wollen möglichst früh Verantwortung übernehmen und vor allem Dinge voranbringen.
- **ein überschaubares Maß an Arbeit bevorzugen.**
  Sie sind sich bewusst, dass sie den Wohlstand vorheriger Generationen nicht erreichen werden und dass auch ihre Rente sich nach hinten verschieben wird – und der Wunsch nach Work-Life-Balance ist eine ihrer Reaktionen darauf. Diese Ausgewogenheit hat daher für Talente Priorität, sie erwarten u. a. familienfreundliche Arbeitszeiten und kinderfreundliche Flexibilität oder auch neue Arbeitsmodelle ohne »Burn-out-Gefahr«.
  UND
- **zugleich sich einbringen wollen.**
  Die Balance von Work und Life ist der Generation Z nicht nur wichtig, sie verlangt ihr zugleich viel ab. Die Herausforderungen liegen darin, diese Balance intern umzusetzen und extern ein Verständnis für sie zu schaffen. Zugleich will und kann die Generation Z »richtig« arbeiten, möchte sich nachhaltig einbringen und langfristig engagieren – sofern dies nicht zulasten ihres Privatlebens geht.

2.1.7   Kommunikation – Talente kommunizieren digital, sozial und 24/7

Um Studierende für sich zu gewinnen, muss man zudem wissen, dass die Studierenden der Generation Z bezüglich Kommunikation (Terstiege 2023) …
- **anspruchsvoll sind.**
  Sie sind die erste Altersgruppe, die mit digitalen und Sozialen Medien aufgewachsen ist. Sie sind zwar 24/7 erreichbar, die Digital Natives als Arbeitgeber zu erreichen, stellt jedoch gleichzeitig eine Herausforderung dar, da diese Wert auf eine individuelle Ansprache mit einem uniquen Mehrwert legen (siehe Abbildung 22).
- **zwischen Fake und Wahrheit leben.**
  Sie erleben sog. Fake News und Alternative Fakten, das Hinterfragen und Bezweifeln von Wahrheiten und Wissenschaft. So verlangen sie von Arbeitgebern vor allem Authentizität und Ehrlichkeit sowie Belege und Beweise, sowohl in deren Kultur als auch in deren Kommunikation.
- **digital zu erreichen sind.**
  Arbeitgeber erreichen die Talente der Generation Z nur über digitale Kanäle, sie sind (neben wenigen analogen Ausnahmen) der einzige Weg, um als Unternehmen die Aufmerksamkeit und das Interesse der Studierenden zu bekommen.

- **mehrkanalig im Austausch sind.**
  Sie sind Kenner:innen und Könner:innen beim Channel Hopping, wechseln ständig die Kanäle und nutzen mehrere Kanäle gleichzeitig. Sie erwarten unkomplizierte und nahtlose 24/7-Kommunikation mit Arbeitgebermarken, ganz gleich, ob online oder offline.

Abb. 22: Kommunikationskennzeichen der Talente der Generation Z (Quelle: Terstiege 2023)

2.1.8 Medien – Talente entfernen sich von Telefon, Facebook und E-Mails

Und: Um Studierende für sich zu gewinnen, muss man wissen, dass die Angehörigen der Generation Z bezüglich Kanälen (Terstiege 2023) …

- **ihren Fokus auf die Sozialen Medien legen.**
  Mittels dieser gelingt es Unternehmen deutlich leichter, ein positives Image ihrer Arbeitgebermarke zu vermitteln (bspw. über LinkedIn). Die Nutzung Sozialer Medien zeigt den Studierenden der Generation Z das Interesse seitens Arbeitgebern an ihnen und lässt diese als attraktivere und zeitgemäße Arbeitgeber erscheinen. Denn auch das Verständnis digitaler Medien und Innovationen (bspw. KI sowie Augmented Reality und Virtual Reality) aufseiten der Arbeitgeber spielt im Recruiting der Generation Z eine große Rolle, sie steigern die Attraktivität in überdurchschnittlichem Maße.
- **über YouTube und Instagram erreichbar sind.**
  Social Media ist eines der am besten geeigneten Recruiting-Kommunikationsinstrumente und der Schlüssel zu einem Austausch mit Studierenden. Einer der von ihnen am häufigsten genutzten Social-Media-Kanäle ist die Video-Plattform YouTube, auf der sich Unternehmen als Arbeitgebermarke präsentieren können. Ein weiterer Kanal, um als Arbeitgeber in Kontakt mit Talenten zu treten, ist Instagram. Arbeitgebermarken sollten auf beiden Kanälen Inhalte veröffentlichen, die die Zielgruppe unterhalten, emotional ansprechen und so aufmerksamkeitsstark sind, dass die jeweilige HR-Botschaft zu Arbeitgebermarke, Vakanzen etc. direkt vermittelt wird.
- **über WhatsApp und TikTok erreichbar sind.**
  Die von Studierenden der Generation Z meistgenutzte Messenger-Plattform WhatsApp ist ein ideales Instrument zur Ansprache entlang der gesamten Candidate Journey. Sie bietet die Möglichkeit eines direkten und ständigen Dialogs zwischen den Studierenden und Arbeitgebern. Durch die omnipräsente Nutzung von Smartphones können Arbeitgeber Ta-

lente kontinuierlich über Neuigkeiten des Unternehmens informieren bzw. diese zum Austausch mit ihnen animieren. Gleichzeitig ist TikTok zur (unterhaltsamen) Ansprache von Talenten und Studierenden mittlerweile unentbehrlich, da Involvement und Interaktivität seitens der Generation Z hier überdurchschnittlich hoch sind (siehe Abbildung 23).

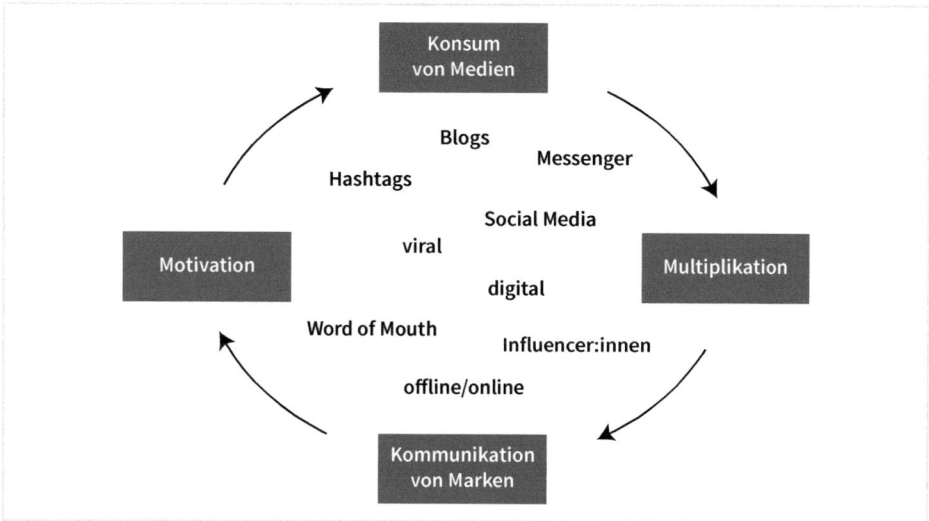

Abb. 23: Kommunikationskanäle der Talente der Generation Z (Quelle: Terstiege 2023)

UND

- **auch das private Umfeld (be)achten und schätzen.**
  Die eigene Peer Group, Freund:innen und Familie sowie Influencer:innen aus diesen Gruppen und von Unternehmensseite üben über Social Media Posts, virales Marketing und Mundpropaganda bzw. Weiterempfehlung einen großen Einfluss auf die Talente dieser Generation aus (siehe Abbildung 24).

Abb. 24: Beeinflussungsfaktoren der Talente der Generation Z (Quelle: Terstiege 2023)

SOWIE

- **an Arbeitgeber die folgenden kommunikativen Maßgaben richten** (siehe Abbildung 25):
  - »**Be authentic**«
    ein authentisches Agieren und transparentes Kommunizieren aller Arbeitgeberaktivitäten
  - »**Be inspiring**«
    das Vermitteln überzeugender und einzigartiger Eindrücke als Arbeitgebermarke
  - »**Be seamless**«
    die Kommunikation und der Austausch mit potenziellen Mitarbeitenden über eine Vielzahl von Kanälen
  - »**Be hybrid**«
    das Möglichmachen eines analogen und digitalen Erlebens der Arbeitgebermarke
  - »**Be unique**«
    die nachvollziehbare und dadurch glaubwürdige Positionierung als unverwechselbarer Arbeitgeber
  - »**Be mobile**«
    das Schaffen von Nähe zur Zielgruppe der Studierenden durch mobile Kommunikationsangebote
  - »**Be live**«
    das Fördern von Involvement durch Content, der mittels Fotos und Videos informativ und gleichzeitig unterhaltsam ist
  - »**Be social**«
    das professionelle Einbinden von Social Media und Network-Kanälen zur Gewährleistung einer 24/7-Kommunikation

- – **»Be influencable«**
  die Sicherung von wertschätzender und partnerschaftlicher Kommunikation auf Augenhöhe mit der Zielgruppe der Studierenden
  UND
- – **»Be relevant«**
  das Entwickeln von uniquem HR- und Employer Branding Content, der für die Studierenden von Bedeutung ist

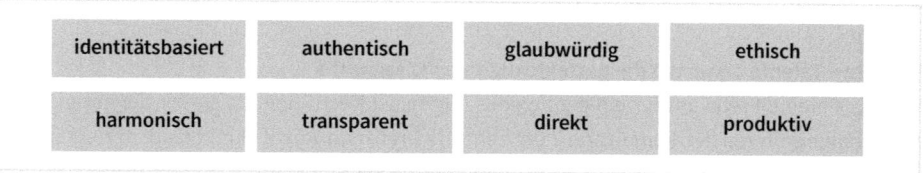

Abb. 25: Kommunikation von Arbeitgebermarken mit den Talenten der Generation Z (Quelle: Terstiege 2023)

2.1.9   Kennzeichen – Studierende sind fordernde Arbeitnehmer:innen

Die Kennzeichen und Charakteristika der Talente der Generation Z als (anspruchsvolle) Arbeitnehmerzielgruppe sind im Folgenden detailliert beschrieben:

Teamgeist – Talente erhoffen sich ein gleichwertiges Miteinander
Auf dem Arbeitsmarkt zeigen sie sich flexibel und häufig sogar sehr sprunghaft. Sie binden sich selten mittel- und schon gar nicht langfristig an einen Arbeitgeber, sind skeptisch und hinterfragen (potenzielle) Arbeitgeber sowie ihre berufliche Tätigkeit und Aufgaben. Gleichzeitig bevorzugen sie Arbeitgeber mit flachen Hierarchien und Teams, die auf Augenhöhe zusammenarbeiten, was sie als Voraussetzung sehen, um sich im Job entfalten und einbringen zu können (siehe Abbildung 26). Wenn Arbeitgeber diese Erwartungen nicht erfüllen können oder wollen, wechselt die Generation Z den Job, denn Arbeit, die sie als langweilig, nicht wertgeschätzt oder sinnlos empfindet, akzeptiert sie nicht (Index Agentur 2023a). Arbeitgeber, deren Firmenkultur zugleich (zu) starr bzw. hierarchisch ist, werden von den Talenten der Generation Z umso mehr abgelehnt (Terstiege 2023).

Abb. 26: Teamverständnis der Talente der Generation Z (Quelle: Terstiege 2023)

Digital – Talente verlangen ausgeprägte Digitalisierungskompetenz
Da digitale Kompetenzen für sie eine Selbstverständlichkeit sind, suchen sie nach Arbeitge-bern, die sich durch ein entsprechend ausgeprägtes und professionelles Verständnis für Digi-talisierung auszeichnen und sich auch derart auf dem Arbeitsmarkt positionieren. Erfolgreiche Recruiting-Strategien müssen diese Digitalisierungsansprüche ernst nehmen und sich auf das Erfüllen dieser Ansprüche konzentrieren, da die Talente eine mangelnde Digitalisierungskom-petenz als Zeichen dafür sehen, dass die jeweiligen Unternehmen die Zeichen der Zeit nicht erkennen bzw. Trends nicht folgen (Terstiege 2023).

Website – Talente erwarten die perfekte digitale Visitenkarte
Websites bleiben relevant für ein gelungenes (digitales) Recruiting, da sie für die potenziellen Arbeitnehmer:innen der Generation Z der zentrale Dreh-und-Angel-Punkt sind, mittels dessen man sich über potenzielle Arbeitgeber sowie über deren Kultur intensiver informiert. Auf die Suche nach einem ersten Job und Arbeitgeber begeben sich die Talente der Generation Z fast ausnahmslos digital, sodass der Schwerpunkt der Präsentation einer Arbeitgebermarke auf der digitalen Ansprache dieser Zielgruppe liegen sollte (Terstiege 2023).

Involvement – Talente wollen sich selbstverständlich einbringen
Bei der Wahl eines Arbeitgebers sind die Talente der Generation Z eher zögerlich, vielen Groß-konzernen stehen sie voreingenommen gegenüber, da diese weniger Möglichkeiten bieten, sich, ihre Meinung und ihre Fähigkeiten einbringen zu können sowie von Kolleg:innen und Vor-gesetzten zu lernen bzw. sich gegenüber diesen erfolgreich zu behaupten. Sie verlangen nach Selbstverwirklichungsoptionen und nach Weiterbildungsmöglichkeiten. Arbeitgeber müssen daher für ausreichend Raum für die persönliche Entwicklung von Talenten sorgen und ihnen eine Entwicklungsperspektive geben (Terstiege 2023).

Eierlegende Wollmilchsau – Talente erhoffen sich einfach alles
Sie bevorzugen »All inclusive«-Arbeitgeber, die im Idealfall schnelle Abläufe, ein angemessenes Gehalt, transparente Prozesse, kontinuierliches Feedback, ein angenehmes Arbeitsumfeld, die Vereinbarkeit von Beruf und Familie, kontinuierliche Weiterbildung und Personalentwicklung, individuelles und flexibles Eingehen auf die Belange der Mitarbeiter:innen, die Nutzung digitaler Medien, den Einsatz neuer Technologien, Mentorship-Programme, Leitlinien zur Selbsteinschät-zung aller Mitarbeiter:innen sowie Talent-Relationship-Programme bieten (Terstiege 2023).

Diskurs – Talente wollen echten Austausch
Ein authentischer und offener Grundton gegenüber den Talenten der Generation Z sowie eine Kommunikation »auf Augenhöhe« und eine individuelle Ansprache erleichtern den Kontakt und den Austausch mit den Fach- und Führungskräften der Zukunft. Die seitens arbeitgeben-der Unternehmen proaktiv gesuchte und kontinuierlich aufrechterhaltene Kommunikation mit Studierenden der Generation Z spiegelt dabei zudem eine für diese Zielgruppe attraktive Füh-rungskultur wider, die u. a. für Teamwork-Kultur, Transparenz, Offenheit und Individualisierung steht (Terstiege 2023).

Fehlerkultur – Talente wollen wirklich etwas wagen

Authentizität und Aufrichtigkeit, das Nicht-Perfekte sowie Risikobereitschaft und eine produktive Fehlerkultur stehen bei den Studierenden der Generation Z auf der Agenda, wenn es um die Kultur und Werte von potenziellen Arbeitgebern geht. Die Wahl eines Arbeitgebers richtet sich u. a. nach den Chancen, die Unternehmen für die persönliche Entfaltung und berufliche Entwicklung bieten. Als »kleine Unternehmer« sind die Talente unentwegt auf der Suche nach Möglichkeiten, das eigene Potenzial weiterzuentwickeln, um sich selbst als individuelle Persönlichkeit und so auch ihre Arbeitsergebnisse kontinuierlich zu optimieren (Terstiege 2023).

Einsatz – Talente erwarten echtes Engagement

Der Einsatz für Nachhaltigkeit, Gesellschaft und Soziales zeichnet Unternehmen aus, die erfolgreich(er) in der Rekrutierung von Talenten sind. Arbeitgeber, die ihr entsprechendes Engagement sowohl intern als auch extern leben sowie kommunizieren, positionieren sich attraktiver für Studierende. Aspekte wie das Betriebsklima (nach innen) bzw. -image (nach außen), die gegenseitige Unterstützung innerhalb einzelner Teams sowie individuelle Angebote zu bspw. Prävention oder Gesundheitsförderung stellen dabei Erfolgsfaktoren im Rahmen der Ansprache von Bewerber:innen der Generation Z dar (Terstiege 2023).

Ansprüche – Talente sind wählerische Teammitglieder

Die Ansprüche der heutigen Talente und zukünftigen Arbeitnehmer:innen der Generation Z an potenzielle Arbeitgeber und Vorgesetzte lassen sich wie folgt zusammenfassen (siehe Abbildung 27) (Terstiege 2023):

Kennenlernen und Rekrutierung – zu Beginn bloß nichts falsch machen

Dazu gehören die folgenden Faktoren:

- **transparente Bewerbungsverfahren**
  Was passiert gerade mit der Bewerbung? Wer entscheidet wann anhand welcher Kriterien?!
- **Geschwindigkeit beim HR-Feedback**
  kein wochen- oder gar monatelanges Warten auf Rückmeldung oder Entscheidungen seitens der Unternehmen
- **Offenheit und Höflichkeit vom ersten bis zum letzten Kontakt mit Bewerber:innen**
  inklusive eventueller Absagen bzw. gegebenenfalls des Onboardings
- **professionelle Interviews mit allen relevanten Unternehmensvertreter:innen**
  »all-in-one«, d. h. keine Gesprächstermine, die nur mit HR oder nur mit Fachverantwortlichen oder allein mit potenziellen Vorgesetzten stattfinden
- **kollegial-partnerschaftliche Gesprächsatmosphäre**
  idealerweise ergänzend Interviews oder Austauschmöglichkeiten (Q&A) mit zukünftigen Kolleg:innen – und nicht nur mit potenziellen Vorgesetzten

Abb. 27: Erwartungen der Talente der Generation Z als Arbeitnehmerzielgruppe (Quelle: Terstiege 2023)

Teams und Hierarchien – kein Standesdünkel, kein »Von-oben-herab«

Dazu gehören die folgenden Faktoren:

- **offener Austausch mit Vorgesetzten**
  Kein willkürlich-intransparentes »Von oben herab«!
- **faires Verhältnis von Teammitgliedern**
  Jede:r bringt sich ein, wird gehört und ernst genommen – auf jede:n wird gleichermaßen Rücksicht genommen.
- **hierarchieunabhängige Teilnahme an Veranstaltungen und Weiterbildungen**
  Für alle Mitarbeiter:innen stehen unabhängig von Junior- oder Senior-Level alle Events und Trainings zur Wahl offen.
- **ausgezeichnete Feedback-Kultur**
  regelmäßige, häufige, nachvollziehbare und unaufgeforderte Rückmeldungen zur Performance
- **gelebter Teamgeist und gelebte Teamatmosphäre**
  sich jederzeit einbringen können und sich als Team gegenseitig unterstützen

Prozesse und Strukturen – agil und flexibel denken und handeln

Dazu gehören die folgenden Faktoren:

- **flexibles Arbeiten**
  Arbeiten nach Absprache – und wann und wo man will
- **Sicherheit des Arbeitsplatzes**
  wenig bzw. keine Sorge um den Job, keine »Hire-and-fire«-Kultur
- **zeitgemäße Sozialleistungen**
  Einfallsreichtum bei Zusatzleistungen wie u. a. Fitnesscenter oder Sport- und Gesund-

heitsprogrammen, inklusive Mental Health, Dienst(lasten)fahrrad, Carsharing, flexible Arbeitszeiten, Remote Work, Sabbaticals, Freistellung für soziales Engagement) (siehe Abbildung 28)

- **ausreichend Urlaubstage**
  kein Mindesturlaub, sondern »Maximalurlaub«, gegebenenfalls Möglichkeit für zusätzliche unbezahlte Urlaubstage
- **angemessenes Gehalt**
  als Zeichen der Wertschätzung von Kompetenz und Leistung sowie zur Sicherung eines angemessenen Lebensstandards

Abb. 28: Flexibilitätsansprüche der Talente der Generation Z als Arbeitnehmerzielgruppe (Quelle: Terstiege 2023)

Wert und Sinn – Arbeit mit gesellschaftlichem und persönlichem Mehrwert
Dazu gehören die folgenden Faktoren (siehe Abbildung 29):
- **Sinnhaftigkeit des Arbeitsplatzes und Arbeitgebers**
  Was bringt der Job mir und was der Gesellschaft?!
- **Relevanz der beruflichen Tätigkeit im Hinblick auf den Team- und Unternehmenserfolg**
  Was trage ich zum Erfolg unseres Teams und auch zum Erfolg des gesamten Unternehmens bei?!
- **gemeinsam definierte, geteilte und gelebte Werte von Unternehmen und Mitarbeiter:innen**
  zusammen Werte erkennen und erarbeiten statt »Top-down«-Bestimmung von Werten – vom Management an die Belegschaft
- **Nachhaltigkeit aller Unternehmensaktivitäten**
  Hinterfragen und Umstellen aller Unternehmenskomponenten – von Kantine, Toilette und Empfang über Büroutensilien und Schreibwaren bis zu Dienstreisen und Firmen-Events
- **offene Fehlerkultur und Risikobereitschaft**
  Anbieten, Einfordern und Leben einer innovationsfördernden »Trial and Error«-Kultur
- **individuelle Entwicklung und kontinuierliche Weiterbildung**
  Weiterbildung als selbstverständlicher und nicht zu verhandelnder oder diskutabler Jobbestandteil
- **Sich-einbringen-Können und Entscheidungsspielraum**
  bereits ab dem Junior-Level eigene Erfahrungen teilen und Verantwortung für Projekte übernehmen
- **Vielfalt von Charakteren, Ideen und Aktivitäten**
  vorurteilsfreies Bilden und Nutzen von Teams

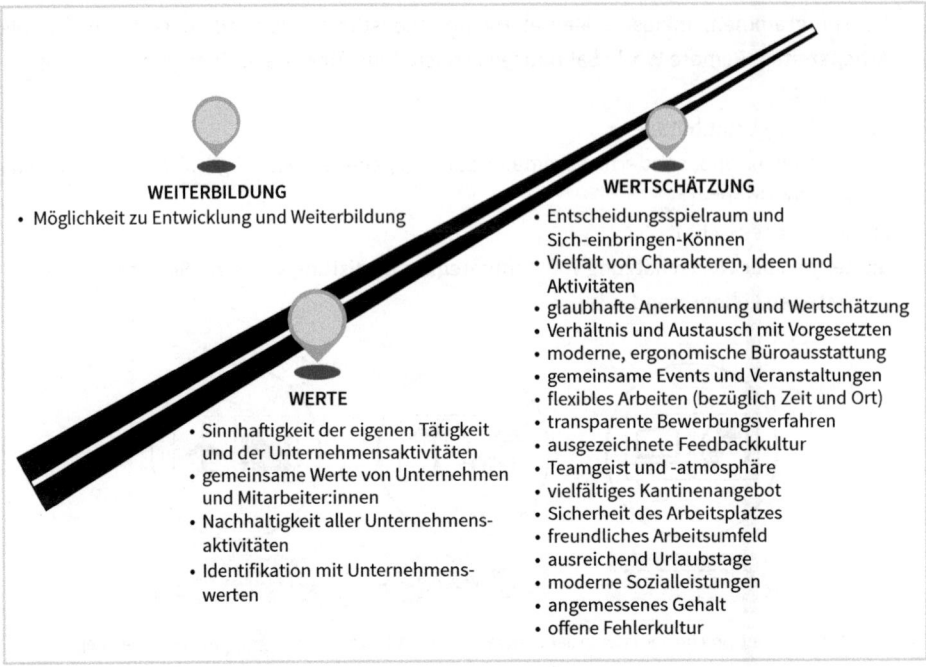

Abb. 29: Werte und Wertschätzung als Anspruch der Talente der Generation Z (Quelle: Terstiege 2023)

2.2 Hochschulen verstehen – Protagonist:innen der Hochschule: die Zielgruppe »Hochschulakteur:innen«

Unverzichtbar und der erste Schritt für ein erfolgreiches Campus-Recruiting ist das Kennen der Akteur:innen und somit der möglichen Ansprech- und Kooperationspartner:innen im Hochschulkontext. Um Studierende und zukünftige Alumni an Hochschulen anzusprechen und zu erreichen, d.h. deren Aufmerksamkeit und Interesse zu finden, ist die Ansprache ebendieser Hochschul-Stakeholder für Arbeitgeber fast ebenso relevant wie die Ansprache der Studierenden selbst. Denn diese Stakeholder bieten eine Plattform und bilden den Hintergrund für alle Campus-Recruiting-Maßnahmen, stellen Anknüpfungspunkt und Bindeglied zu den Studierenden von Hochschulen dar.

2.2.1 Fragenkatalog »Netzwerk« – Netzwerkkontakte aufbauen und pflegen

Beim Entwickeln und Umsetzen einer Campus-Recruiting-Strategie sollten sich Arbeitgeber im Hinblick auf Hochschulen folgende Fragen stellen (und beantworten):
- **Fokus**
  Welche Hochschulen, Lehrstühle und Fakultäten (und deren Studierende bzw. Alumni) sind für das Unternehmen von besonderem Interesse?

Welche Hochschulen bieten exakt die Absolvent:innen, die den Schwerpunkten und Ansprüchen des Unternehmens und Arbeitgebers entsprechen?

- **Stakeholder**
  Welche für arbeitgebende Unternehmen relevanten Stakeholder gibt es an Hochschulen?
  Wie und wann sind diese am besten (oder überhaupt) zu erreichen?
- **Kontakte**
  Welche dieser Stakeholder sind bereits Bestandteil des unternehmenseigenen Recruiting-Netzwerkes – und welche (aktuellen) Kontaktdaten liegen hierzu jeweils vor?
  Wie baut man diese Kontakte aus?
- **Akquise**
  Zu welchen Stakeholdern müssten Kontakte aufgebaut werden?
  Wie geht man dabei vor? Welche Maßnahmen sind dafür notwendig?
  Wer ist dafür innerhalb welchen Zeitraums verantwortlich?
- **Kategorisierung**
  Welche Stakeholder sind dabei besonders vielversprechend im Sinne der Effizienz von Recruiting-Strategie und -Maßnahmen?
  Wer (re)agiert überdurchschnittlich interessiert, schnell und flexibel?
  Welche Stakeholder hingegen reagieren eher desinteressiert bis gelangweilt, langsam oder gar nicht bzw. unflexibel bis starr?!

2.2.2   Kriterienliste »Hochschulauswahl« – Hochschulen identifizieren und kontaktieren

Dabei sollten Arbeitgeber die folgenden (Ausschluss-)Kriterien bei der Bewertung, Auswahl und Priorisierung von Hochschulen (und deren Stakeholdern) als Kooperationspartner auf ihre Agenda setzen, um diese zu kategorisieren:

- **Geschwindigkeit – Tempo seitens Arbeitgeber**
  Wie schnell werden bspw. Anfragen beantwortet oder wird auf E-Mails reagiert?
  Wie schnell werden (Telefon-/Video-)Meetings koordiniert und umgesetzt?
  Wie schnell werden seitens der Hochschule Informationen zur Verfügung gestellt?
  Wie schnell werden seitens der Hochschule Unterlagen bearbeitet?
- **Professionalität – Know-how seitens Arbeitgeber**
  Wie fehlerhaft bzw. fehlerfrei werden bspw. Anfragen beantwortet oder wird auf E-Mails reagiert?
  Wie professionell werden (Telefon-/Video-)Meetings koordiniert und durchgeführt?
  Wie sinnvoll und informativ sind seitens der Hochschule zur Verfügung gestellte Unterlagen?
  Wie ernsthaft werden vom Unternehmen zur Verfügung gestellte Informationen und Unterlagen durch die Hochschule verarbeitet?
  Welche konkreten Ansprechpartner:innen für Unternehmenskooperationen werden seitens der Hochschule genannt (inklusive Kontaktdaten, Arbeitszeiten und Erreichbarkeiten)?
  Inwieweit wird mit individuellen Maßnahmen auf das einzelne Unternehmen als potenziel-

ler Kooperationspartner der Hochschule und potenzieller Arbeitgeber von Studierenden und Alumni eingegangen?

- **Schwerpunkte – Themen seitens der Zielgruppe**
  Welche Studienschwerpunkte, die für das Unternehmen von besonderem Interesse sind, bietet die Hochschule den Studierenden?
  Welche Lehrstuhlinhaber:innen, Professor:innen oder Dozent:innen konzentrieren sich auf welche Forschungsthemen und verfolgen welche Forschungsziele?

- **Verlässlichkeit – Glaubwürdigkeit seitens Arbeitgeber**
  Inwiefern werden Absprachen, Termine, Vereinbarungen sowie gegebenenfalls Vertragsinhalte eingehalten?
  Inwiefern sind die seitens der Hochschule genannten konkreten Ansprechpartner:innen bei Gesprächen und Meetings inhaltlich vorbereitet?

- **Erreichbarkeit – Präsenz seitens Arbeitgeber**
  Inwiefern nennt die Hochschule im ersten Schritt Kontaktmöglichkeiten und/oder gegebenenfalls Ansprechpartner:innen für erste Kooperationsanfragen und ein Kennenlernen?
  Inwiefern sind im zweiten Schritt die seitens der Hochschule genannten konkreten Ansprechpartner:innen zur Abstimmung konkreter Themen und Timings zeitlich verfügbar?

- **Flexibilität – Verständnis seitens Arbeitgeber**
  Inwiefern können bzw. wollen die Hochschulverantwortlichen auf spezifische Belange und Fragestellungen des Unternehmens eingehen?
  Inwiefern kommt die Hochschule dem Unternehmen im Sinne einer partnerschaftlichen Kooperation entgegen?

2.2.3 Ausschlusskriterien »Hochschulpartner« – Hochschulen bewerten und priorisieren

Die folgenden Ausschlusskriterien bei der Entscheidung für oder gegen eine Hochschule als Kooperationspartner sind wichtig, da nicht jede Hochschule Kooperation »kann« – und nicht jede:r Hochschulvertreter:in Kooperation »will«:

- **Problematik »Kooperation können«**
  Eine gelungene Zusammenarbeit von Hochschulen und Unternehmen setzt Hochschulvertreter:innen und -verantwortliche voraus, die als professionelle Geschäftspartner:innen zum Wohle der Studierenden, der Hochschule und des kooperierenden Unternehmens agieren.
  Themen wie Pünktlichkeit und Verbindlichkeit (bspw. Termine wahrnehmen – und nicht vergessen, zu Terminen pünktlich erscheinen, egal, ob analog face-to-face oder digital via Zoom), Agieren und Reagieren (bspw. Initiative zeigen und Ideen geben, auf Anfragen und Vorschläge reagieren), Flexibilität und Geschwindigkeit (bspw. Vorlesungspläne für Gastvorträge und Exkursionen umstellen sowie eine entsprechende Abstimmung, die zeitnah erfolgt) sowie Partnerschaftlichkeit (die Belange des kooperierenden Unternehmens beachten, statt allein die eigenen Hochschulinteressen zu verfolgen) seitens der Hochschule

sind die Voraussetzungen für ein gelungenes Campus-Recruiting – nur leider keine Selbstverständlichkeit.

Professionelles oder gar proaktives Agieren ist vonseiten der offiziellen Hochschulvertreter:innen, d.h. derer, die auf der entsprechenden Hochschul-Website genannt werden, leider nicht unbedingt die Regel. Denn es fehlt schlichtweg häufig an Kompetenzen und Know-how. Eine Hochschule (und ihre Mitarbeiter:innen) ist nur bedingt mit Mitarbeitenden aus Unternehmen der freien Wirtschaft zu vergleichen.

- **Problematik »Kooperation wollen«**

Des Weiteren gelingt eine erfolgreiche Zusammenarbeit von Hochschulen und Unternehmen nur unter der Voraussetzung, dass engagierte und motivierte Hochschulvertreter:innen und -verantwortliche den Prozess einer (potenziellen) Zusammenarbeit anstoßen, begleiten und umsetzen.

Themen wie Proaktivität (bspw. auf Unternehmen zugehen, den Austausch suchen, Kommunikation und Kooperation mit der Hochschule für Unternehmen niedrigschwellig gestalten), Individualität (bspw. den Bedürfnissen und Anforderungen jedes Unternehmens Aufmerksamkeit schenken sowie entsprechende Angebote und Lösungen erarbeiten), Verbindlichkeit (Absprachen mit Unternehmen ernst nehmen und Vereinbarungen einhalten), Geschwindigkeit (bspw. Anfragen von Unternehmen nicht »aussitzen«, ignorieren oder willentlich übersehen) oder Flexibilität (bspw. Anfragen von Unternehmen mit einem wenig entgegenkommenden »Das geht nicht« ablehnen) sind seitens der Hochschule bzw. ihren offiziellen Vertreter:innen ebenfalls unverzichtbare Voraussetzungen für ein erfolgreiches Campus-Recruiting – aber leider eher die Ausnahme.

Motivierte Hochschulvertreter:innen, die ihre (ohnehin meist schon volle) Agenda aus »innerem Antrieb« (intrinsischer Motivation), aus Gründen der Karriereoptimierung oder auch »nur« aus purer Freude freiwillig um eine Aufgabe erweitern, sind eher selten. Viele dieser Akteur:innen sind bereits ohne das Thema »Unternehmenskooperationen« vollends ausgelastet und dabei eher suboptimal bezahlt, sodass schlichtweg Zeit und vor allem Motivation fehlen. Sie entscheiden sich daher im Sinne einer (nachvollziehbaren) »Beamtenmentalität« für eine Arbeitszeit von »9-to-5«, in der sie ihren Pflichten nachkommen, die Kür jedoch zu kurz bzw. überhaupt nicht vorkommt. Denn belohnt wird solch ein Mehr an Engagement in den seltensten Fällen.

- **Happy End: »Lösungen für Kooperationsansätze«**

Eine Lösung für diese Problematik bietet sich, indem man diese teils überaus bürokratischen Prozesse (und Personen) umgeht und sich stattdessen auf einzelne Professor:innen und Dozent:innen konzentriert, die sich bereits durch Business-Kontext bzw. -Netzwerke auszeichnen und dementsprechend sowohl die Lust auf als auch das Know-how für eine Zusammenarbeit mit Unternehmen haben.

2.2.4 Checkliste »Hochschulpartner« – Stakeholder erkennen und ansprechen

Folgende Stakeholder sollten daher bei Arbeitgebern (alternativ zu Ansprechpartner:innen von Hochschul- oder Standortleitung) als erster Kontakt und mögliche Ansprechpartner:innen für eine Campus-Recruiting-Kooperation auf der Agenda stehen:

- **Arbeitsgruppen**
  AGs, die entweder seitens der Hochschule bzw. deren Dozent:innen oder aber von den Studierenden selbst zu verschiedenen Schwerpunkten initiiert werden, bspw. zu Nachhaltigkeit, Diversität, Consulting oder auch New Work
- **Alumni**
  Ehemaligennetzwerke, die eine enge Verbindung und so einen »direkten Draht« zu ihrer Alma Mater haben sowie über eine ausgeprägte Netzwerkaffinität verfügen
- **AStA**
  der Allgemeine Studierendenausschuss als (politisches) Gremium der studentischen Selbstverwaltung, der die Interessen aller Studierenden vertritt, und als von den Studierenden gewähltes Organ sowie deren Referent:innen und den Fachschaften
- **Career Center**
  die sog. Karriere-Center der Hochschulen, deren Kernfunktion (und -kompetenz) die Förderung der Zusammenarbeit mit externen Partnern aus der Wirtschaft ist
- **Dozent:innen**
  fest angestellte oder freie Lehrende, die Erfahrung aus der freien Wirtschaft und Praxis haben oder aktiv in Unternehmen oder Beratungen tätig sind
- **Lehrstuhlinhaber:innen**
  Inhaber:innen von Lehrstühlen oder auch Modulverantwortliche, die ein teils überdurchschnittliches Interesse am Austausch und an der Zusammenarbeit mit Unternehmen haben

2.2.5 Exkurs: Eltern und Großeltern der Talente – die »Beeinflusserzielgruppen« im Campus-Recruiting und Hochschulmarketing

Die Talente der Generation Z wissen zwar recht genau, was sie wollen. Trotzdem sind sie überraschend beeinflussbar bei der Wahl ihres Arbeitsplatzes und ihrer (möglichen) Arbeitgeber. Einen der größten Einflussgeber stellen dabei die Eltern und Großeltern der Generation-Z-Studierenden dar. Aufgrund ihrer Rolle bei der Finanzierung, Motivation und Förderung der Talente kommt ihnen im Rahmen einer Rekrutierungsstrategie eine nicht zu unterschätzende Bedeutung zu. Die Talente der Zukunft wissen um den Erfahrungsschatz und die Urteilsfähigkeit dieser Gruppe, vertrauen ihr, schätzen ihren Rat – und selbstverständlich auch ihre monetäre Unterstützung. Dementsprechend sollte für eine erfolgreiche Campus-Recruiting-Strategie auch diese Zielgruppe in die Candidate Journey integriert, kommunikativ erschlossen und mit für sie passenden Inhalten sowie Botschaften angesprochen werden.

Ratgeber aus Empathie und Eigennutz

Eltern und Großeltern geben ihren Kindern und Enkeln größtenteils »uneigennützig« ihren Rat, d. h. aus Liebe und Verbundenheit zu ihnen. Teils erfolgt so mancher Ratschlag aber durchaus zugleich recht eigennützig, da sowohl Eltern als auch Großeltern zum einen in ihrem eigenen Umfeld mit Stolz von den Erfolgen und der Karriere des Nachwuchses berichten möchten, zum anderen den Nachwuchs in absehbarer Zeit (finanziell) eigenständig erleben wollen.

Ratgeber mit eigenen Touchpoints

Die erfolgreiche Ansprache von Eltern und Großeltern ist erneut von dem Thema Touchpoints abhängig, denn Angehörige dieser Zielgruppe bewegen sich selbstverständlich in größtenteils völlig anderen Welten und Lebensbereichen als ihre Kinder und Enkel. Sie kommunizieren anders und informieren sich über andere Kanäle. Daher ist auch hier eine detaillierte Analyse möglicher Kontaktpunkte notwendig sowie das Identifizieren von relevanten Kommunikationskanälen, über die Eltern und Großeltern vonseiten der Unternehmen zu erreichen und von Arbeitgebern zu überzeugen sind.

Relevante Themen für Eltern und Großeltern

Themen, mit denen Unternehmen und Arbeitgeber die Aufmerksamkeit und Zustimmung sowie vor allem die Empfehlungsbereitschaft von Eltern und auch Großeltern gewinnen, sind u. a.:

* **Auszeichnungen**
  Auszeichnungen wie »Great Place to Work« interessieren die Studierenden selbst zwar wenig(er), die Zielgruppe der Eltern und Großeltern jedoch legt großen Wert auf solche teils sehr transparenten und daher glaubwürdigen bzw. nachvollziehbaren Belege für das Image eines (für die Kinder) wünschenswerten Arbeitgebers.
* **Gehalt**
  Ein »gutes Gehalt« ist Eltern und Großeltern wichtig. Es entspricht den Vorstellungen, Maßstäben und Werten der Generation der Boomer (Großeltern) und Buster (Eltern), denn aus deren Sicht ist man umso mehr wert, je mehr man verdient. Zudem sichert das »gute Gehalt« die Zukunft der Kinder bzw. Enkel und schützt die Eltern und Großeltern davor, auf nicht absehbare Zeit den Nachwuchs finanziell unterstützen zu müssen.
* **Heritage**
  Eine traditionsreiche und möglichst namhafte Unternehmensgeschichte wissen die Eltern und Großeltern der Talente zu schätzen. Unternehmen wie Bayer, Henkel oder Mercedes wirken auf Talente eventuell nicht unbedingt »sexy«, dafür aber für die »seniorigeren« Generationen durchaus attraktiv, denn gerade von diesen Firmen hat man sich über Jahre bzw. sogar Jahrzehnte ein Bild machen können. Und aus Sicht der (Groß-)Eltern sind genau diese Unternehmen eine »sichere Bank«, denn deren jahrzehntelange Erfolgsgeschichte verspricht Sicherheit und auch dem Nachwuchs eine vielversprechende Zukunft.
* **Herkunft**
  Bei den Herkunftsländern von Arbeitgebern scheiden sich die Geister. Unternehmen aus den USA leiden teils unter dem Image einer Hire-and-fire-Kultur, die kein:e Erziehungsberechtigte:r dem eigenen Nachwuchs wünscht. Andererseits können viele US-Unternehmen

eine beeindruckende Erfolgsgeschichte vorweisen und selbst wenn diese fehlt, umgibt sie häufig eine Aura von Innovationskraft und potenzieller Siegermentalität. Bei Unternehmen und somit Arbeitgebern aus China sind teils Vorbehalte u. a. wegen Arbeitsbedingungen, Unternehmenskultur oder (finanziellen oder Arbeitszeit-)Konditionen zu sehen, jedoch erscheinen einige von ihnen durchaus vielversprechend auf dem Weltmarkt.

- **Management**
  Firmenchefs, die aus der Perspektive der (Groß-)Eltern (vorzeigbare) Vorbilder sind, haben das Potenzial, die entsprechende Arbeitgebermarke überaus attraktiv darzustellen und im Sinne einer Rekrutierungsstrategie positiv zu vermarkten. Eltern und Großeltern orientieren sich bei der Sympathie für Unternehmen und der Entscheidung für einen Arbeitgeber (für die Kinder bzw. Enkel) gerne an derartigen Leitfiguren, die durch Kompetenz, Macht, Prominenz und gelegentlich auch durch eine gewisse schillernde Aura von sich reden machen.

- **Work-Life-Balance**
  Eltern und Großeltern der Generationen X und Babyboomer haben sich größtenteils durch Arbeit und die entsprechenden Erfolge definiert, oft genug bis zur Erschöpfung oder sogar bis zum Burn-out. Zudem arbeiteten sie zwar »bis zum Umfallen«, aber ohne zu hinterfragen oder gar zu wissen, warum und wofür; der Sinn von Arbeit generell sowie der Sinn der eigenen Arbeitsleistung trat dabei in den Hintergrund oder wurde erst gar nicht thematisiert (siehe Abbildung 30). Und genau das möchten sie ihren Kindern und Enkeln unbedingt ersparen. Sie wollen verhindern, dass diesen dasselbe widerfährt bzw. dass der Nachwuchs dieselben Fehler macht wie sie. Daher achten auch sie bei der Wahl und Empfehlung eines Arbeitgebers für den Nachwuchs auf ein »Nicht-Zuviel an Arbeit«, sodass Leben, Freizeit, Familie und andere (private) Interessen nicht zu kurz kommen.

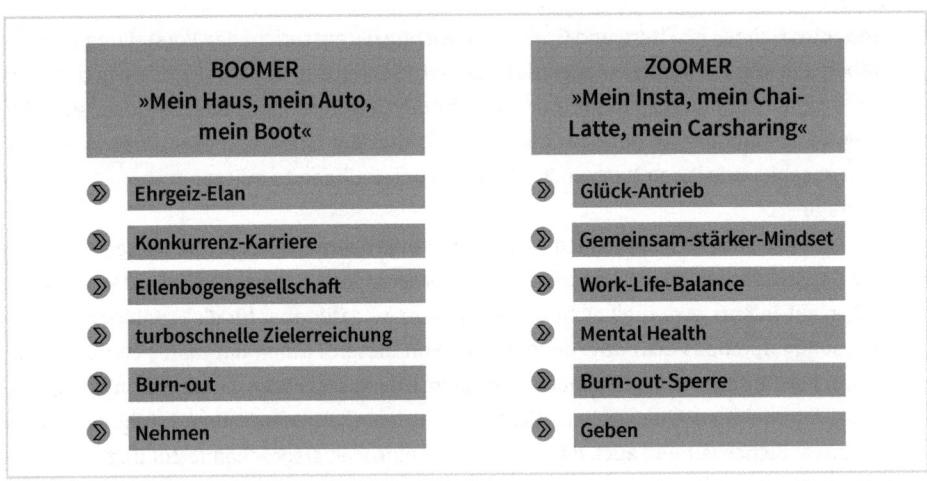

Abb. 30: Arbeits- und Leistungsverständnis von Generation-Z-Talenten, Eltern und Großeltern (Quelle: Terstiege 2023)

3 Maßnahmen – HR-Recruiting-Instrumente der Gegenwart

Die Ansprache der Talente am bzw. rund um den Hochschulcampus verlangt nach einer Strategie, die Gewinnung dieser Talente für sich als Unternehmen und Arbeitgeber ebenso. Im Rahmen von Rekrutierungsstrategien sollten Fach- und Personalverantwortliche sowie HR- und Management-Team eine dezidierte Vorgehensweise bestimmen, die sowohl die inhaltlichen Schwerpunkte als auch die operativen Maßnahmen beinhaltet.

3.1 Talente und Hochschulen ansprechen, gewinnen und binden – Schwerpunkte

Die wichtigsten Schritte und Schwerpunkte beim Entwickeln und Verfolgen einer Campus-Recruiting-Strategie sind die folgenden (siehe Abbildung 31):

*   **Kandidat:innen identifizieren: Wen brauchen wir?**
    Welche Studierenden und wie viele benötigen wir wann auf welchen Positionen?
    Wie, wo und wann können wir die Kandidat:innen am besten erreichen?
    Was können wir Kandidat:innen anbieten und versprechen?
*   **Kontakte aufbauen: Wen kennen wir?**
    Welche Hochschulen müssen wir kontaktieren?
    Welche Fachbereiche müssen wir kontaktieren?
    Welche Kontakte liegen bereits vor?
    Welche Kontakte müssen neu geknüpft werden?
    Wie ist die entsprechende Vorgehensweise?
    Wer verantwortet den Netzwerkaufbau?
*   **Maßnahmen planen: Was unternehmen wir?**
    Welche Marketingmaßnahmen waren bisher erfolgreich – und warum?
    Welche Marketingmaßnahmen waren bisher nicht erfolgreich – und warum?
    Welche Schlussfolgerungen für zukünftige Maßnahmen lassen sich daraus ableiten?
*   **Maßnahmen prüfen: Was erreichen wir?**
    Welche Marketingmaßnahmen waren erfolgreich, welche nicht – und warum?
    Welche Marketingmaßnahmen nutzen wir in Zukunft?

Abb. 31: Strategische Schwerpunkte im Campus-Recruiting (eigene Abbildung nach Varifast 2018)

3.2 Talente und Hochschulen ansprechen, gewinnen und binden – »Best Practice«-Beispiele

Hochschulen bieten sich als ideale Plattform an, um sich bei Studierenden bekannt zu machen. Sie eignen sich als Kooperationspartner, um im Rahmen des Campus-Recruiting mit Talenten in den Austausch zu treten, und liefern einen (noch) unerschlossenen Talent-Pool, um rechtzeitig (und früher als andere Arbeitgeber) in Talenten zukünftige Arbeitnehmer:innen zu finden.

Die Bedeutung von Hochschulen und Campus-Recruiting ist unbestreitbar und viele Unternehmen haben erkannt, welches Potenzial dieses HR-Instrument birgt. Sie integrieren es aktiv in ihre HR-Strategie, um Hochschultalente und Berufseinsteiger:innen anzuziehen. Im Folgenden werden zwei inspirierende Beispiele aufgeführt, die verdeutlichen, wie erfolgreich Campus-Recruiting wirken kann:

L'Oréal: Studierenden-Camp
L'Oréal als ein international aktives und präsentes Unternehmen veranstaltet jedes Jahr das »Taste of L'Oréal«-Rekrutierungsprogramm für Praktikant:innen. Dieses Programm bietet 100 Student:innen und Absolvent:innen die einzigartige Gelegenheit, L'Oréal live und hautnah als Arbeitgeber zu erleben. Die Teilnehmer:innen werden nach New York City eingeladen, um umfassende Informationen zur Unternehmenskultur und -geschichte zu erhalten, an Fallstudien zu arbeiten und Präsentationen von Vertreter:innen des Management-Levels verschiedener

Abteilungen zu hören. Zusätzlich haben die teilnehmenden Student:innen die Möglichkeit, sich über weitere Berufs- und Karrieremöglichkeiten zu informieren und direkt vor Ort persönliche Vorstellungsgespräche für offene Stellen zu führen (Mathews 2023).

Amazon: Rekrutierungs-Event

Amazon hat als ein überdurchschnittlich schnell wachsendes Unternehmen einen entsprechend hohen Bedarf an talentierten Mitarbeiter:innen, um seinem Anspruch als »Fulfillment-Netzwerk« zu genügen. Um diese HR-Nachfrage zu decken, organisierte Amazon bspw. im Jahr 2017 die größte Rekrutierungsveranstaltung in den USA und zog so ca. 20.000 Bewerber:innen erfolgreich an. Das Unternehmen bot den Bewerber:innen ein attraktives Paket mit Vorauszahlung für Studiengebühren und medizinischen Leistungen für Vollzeitstellen. Darüber hinaus ermöglichte Amazon diesen potenziellen Mitarbeiter:innen Führungen durch seine Einrichtungen, Hallen und Büros und führte vor Ort erste Interviews durch (Mathews 2023).

Events für Studierende als Erfolgsformel

Wie diese Beispiele verdeutlichen, haben Unternehmen die Bedeutung von Campus-Recruiting erkannt und finden kreative Wege, um Hochschultalente anzusprechen und für sich zu gewinnen. Die Erfolgsgeschichten von L'Oréal und Amazon zeigen, dass Campus-Recruiting nicht nur eine Option, sondern ein entscheidendes Instrument ist, um die besten Talente zu gewinnen. Unternehmen, die dieses HR-Instrument strategisch in ihre Rekrutierungsstrategie einbeziehen, sind besser positioniert, um die Herausforderungen des Arbeitsmarktes anzugehen und ihre Teams mit hochqualifizierten Mitarbeiter:innen zu stärken (Mathews 2023).

3.3   Talente und Hochschulen ansprechen, gewinnen und binden – Maßnahmen

Die »klassischen« Instrumente (siehe Abbildung 32) sowie neu gedachte Maßnahmen zu Campus-Recruiting und Hochschulmarketing als innovativer HR-Strategie werden im Folgenden detailliert beschrieben:

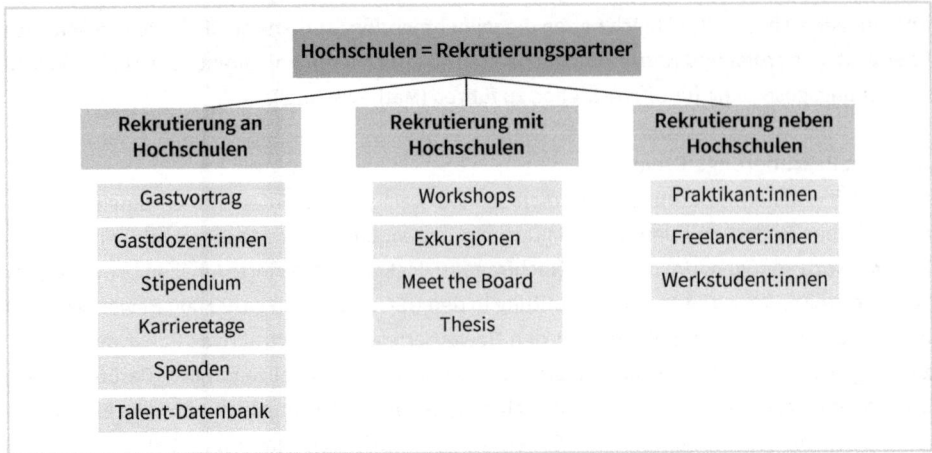

Abb. 32: Klassische Instrumente im Campus-Recruiting und Hochschulmarketing (Quelle: Terstiege 2023)

3.3.1 Aushänge

Studierende verbringen einen Großteil ihres Studiums und ihrer Lebenszeit an der Hochschule, am Campus. Sie treffen sich dort mit anderen Studierenden, warten auf den Beginn ihrer Vorlesungen oder auf ein Gespräch mit Dozent:innen, sind auf dem Weg zur Bibliothek oder zum Vorlesungsraum oder sitzen in Arbeits- und Lerngruppen zusammen.

Aufmerksamkeit – Print und Plakate erreichen Studierende
So bieten sich unzählige analoge Momente und analoge Möglichkeiten, mit Studierenden am Campus in Kontakt zu kommen – und zwar über Aushänge. Plakate in jedweder Größe, die an Hochschulen ausgehängt werden, werden von Studierenden aus echtem Interesse, aufgrund aufkeimender Neugierde, als belanglose Ablenkung oder teils auch nur aus purer Langeweile gelesen.

Ort – wo Plakate die Aufmerksamkeit der Studierenden wecken
Aushänge müssen dabei kaum um Aufmerksamkeit kämpfen. Denn ihr Moment ist genau dann gekommen, wenn sich die Studierenden in einer nichtdigitalen Bubble, in der real-analogen Welt bewegen – auf dem Sprung in die Vorlesung oder in die Sprechstunde mit ihren Professor:innen, in das Treffen mit ihrer Arbeitsgruppe oder die Prüfungsvorbereitung in der Bibliothek. Das Handy steckt schon in der Tasche, man ist weniger abgelenkt, die Wahrnehmung ist bereit für echte Eindrücke in 2D und 4C, für Print in Farben und somit auch für Aushänge.

Art – wie Plakate die Aufmerksamkeit der Studierenden wecken
Wichtig sind dabei die inhaltliche Konzeption und die optische Gestaltung der Aushänge. Kurze, prägnante Texte (Was wird den Studierenden vom Arbeitgeber geboten?), aussagekräftige Inhalte (Was konkret erwartet die Studierenden im Unternehmen?), ein deutlicher Call to Action

(Was sollen die Studierenden aufgrund des Aushangs unternehmen, wie können sie mit dem Unternehmen bzw. Arbeitgeber in Kontakt treten?) und ein ansprechendes Layout (modern, zum Unternehmen passend und überraschend) machen dabei einen Aushang aus, der von Studierenden beachtet wird.

Zeit – wann Plakate die Aufmerksamkeit der Studierenden wecken
Die Chance, die Aufmerksamkeit der Studierenden zu erhalten, ist daher groß, wenn es Unternehmen schaffen, im richtigen Moment die Aufmerksamkeit von Talenten auf sich zu lenken. Mit kurzen, aussagekräftigen Informationen zum Unternehmen und zur Arbeitgebermarke, zu Praktika und Werkstudententätigkeiten können Aushänge ein wirksames Werbemedium im HR-Markt sein.

Learning
»Wo und mit welchen Inhalten bzw. aussagekräftigen Headlines können wir Studierende mittels Aushängen und Plakaten erreichen?« statt »Wir hängen einfach überall Plakate aus, die den Studierenden alles über uns und unser Anliegen sagen – d. h. vollgetextet, überfrachtet und ohne schlagkräftige Aussage.«

Chancen
- Sichtbarkeit durch visuelle Präsenz und Verfügbarkeit von Informationen an wichtigen Kontaktpunkten

Herausforderungen
- Retroimage aufgrund des mit Vorurteilen behafteten analogen Mediums »Papieraushang«

Fazit
- ein wenig aufwendiges, doch aufgrund der Gegebenheiten an Hochschulen durchaus präsentes und damit gegebenenfalls zur Zielgruppe durchdringendes Instrument

3.3.2   Bewerbungsprozess

Im Rahmen einer ganzheitlichen Campus-Recruiting-Strategie darf die Planung des gesamten Bewerbungsprozesses nicht außer Acht gelassen werden – denn die erfolgreiche Ansprache von Studierenden am Campus sollte selbstverständlich in einer Bewerbung von Talenten münden. Daher sollten die Details des gesamten Bewerbungsprozesses und Kennenlernens von Kandidat:innen auf den Prüfstand gestellt werden, u. a. relevant sind dabei die teils kritischen bzw. sensiblen Themen:
- **Tempo – Geschwindigkeit im Bewerbungsprozess**
  Viele Unternehmen verlangen im Rahmen des Bewerbungsprozesses von potenziellen Bewerber:innen von Beginn an ein enormes Maß an Geschwindigkeit, setzen kurzfristige

Deadlines und machen Druck – lassen sich jedoch Zeit, wenn es um die eigenen unternehmensinternen Entscheidungen und Prozesse geht. Partnerschaft und Augenhöhe sehen anders aus. Die Talente von heute sehen und bewerten solch ein Ungleichgewicht kritisch, denn wer Tempo verlangt, muss in ihren Augen selbstverständlich auch selbst Tempo bringen. Absolut inakzeptabel sind daher Vorgänge, bei denen Bewerber:innen Termine einhalten und auf den Punkt »liefern«, Arbeitgeber hingegen teils Monate benötigen, um Entscheidungen zu treffen und den nächsten Schritt im Bewerbungsprozess anzugehen.

- **Transparenz – Nachvollziehbarkeit im Bewerbungsprozess**
  Studierende und Absolvent:innen möchten wissen, was mit ihrer Bewerbung passiert, wer diese vorliegen hat, wann von wem warum Entscheidungen getroffen werden und wann der nächste Schritt ansteht. Unternehmen, die durch intransparente Bewerbungsprozesse glänzen und die Bewerber:innen im Unklaren über den gesamten Prozess und den genauen Status quo lassen, sind für Talente sehr schnell sehr uninteressant.

- **Probezeit – gegenseitiges Prüfen der Protagonist:innen**
  Immer noch herrscht in vielen Unternehmen ein recht einseitiges Verständnis der Thematik Probezeit. Viele Arbeitgeber sind der Überzeugung, dies sei die Zeit, in der sie die Kandidat:innen testen und prüfen, um dann über deren Verbleib im Unternehmen zu entscheiden. Längst aber ist die Probezeit ein gegenseitiges Kennenlernen beider Parteien auf Augenhöhe. Talente nutzen sie heutzutage, um (potenzielle) Arbeitgeber zu hinterfragen, und zwar u. a. im Hinblick auf Vereinbarungen und auch auf Versprechungen, die im Bewerbungsprozess und in Vertragsverhandlungen gemacht wurden, sowie hinsichtlich der Unternehmenskultur. Besteht ein Arbeitgeber diesen Test nicht, sehen sich die Talente von heute schnell nach einem passenderen Arbeitgeber um und kündigen bereits in der Probezeit – oder tauchen ganz einfach nicht mehr am Arbeitsplatz auf.

Learning
»Wir müssen als Arbeitgeber in einem Arbeitnehmermarkt unsere Rekrutierungsstrategie, -prozesse und -maßnahmen entsprechend den Erwartungen unserer Zielgruppe ausrichten!« statt *»Wer den Anforderungen und Bedingungen unseres Rekrutierungsprozesses nicht entspricht, kommt für unser Unternehmen als Mitarbeiter:in nicht infrage.«*

Chancen
- Mit einem (neu) durchdachten Bewerbungsprozess, der an den Erwartungen der Studierenden ausgerichtet ist, gewinnen Unternehmen und Arbeitgeber einen deutlichen Vorteil gegenüber Wettbewerbern auf dem heiß umkämpften Arbeitnehmermarkt.

Herausforderungen
- Seitens der Unternehmen besteht oftmals die tradierte Vorstellung, weiterhin auf einem Arbeitgebermarkt zu agieren – und dementsprechend Bewerbungsprozesse nicht anpassen, nicht beschleunigen oder auch nicht flexibel gestalten zu müssen.

Fazit

- Die Erwartungen von Bewerber:innen der Generation Z unterscheiden sich in großen Teilen von den weiterhin seitens Unternehmen verfolgten Bewerbungsprozessen und -strategien im Hinblick auf u. a. Wertschätzung und Respekt, Augenhöhe und Partnerschaftlichkeit, Transparenz und Flexibilität.

3.3.3   Bibliothek

Die Bibliotheken von Hochschulen sind in großen Teilen der Hauptaufenthaltspunkt der Studierenden, wenn nicht sogar deren Dreh- und Angelpunkt. Hier halten sie sich während des Semesters und vor allem zum Semesterende während der Vorbereitung für ihre Prüfungen auf. Bibliotheken sind ein beliebter Aufenthaltsort, um in Ruhe zu lernen, sich auf Prüfungen, Präsentationen oder Klausuren vorzubereiten, um Hausarbeiten zu erarbeiten oder um die Abschlussarbeit, die Thesis, zu schreiben.

It-Place – die Bibliothek als Lern- und Treffpunkt
Nicht alle Studierenden haben das Privileg, zu Hause, d. h. im Elternhaus, in einer eigenen Wohnung oder entsprechenden Studi-WGs, konzentriert arbeiten und lernen zu können, daher erfreuen sich die sog. BIBs großer Beliebtheit. Und selbst »privilegierte« Studierende, die nicht auf das Arbeiten und Lernen in einer Bibliothek angewiesen sind, wissen die BIB dennoch zu schätzen, da sie auch immer eine Möglichkeit bietet, andere Studierende zu treffen – die Bibliothek als Zentrum des Arbeitens und Lernens sowie des Austauschs und Miteinanders.

Verbreitung – die Bibliothek als Kommunikationsverteiler
Das Auslegen von HR-Werbematerialien, von Aushängen zu Praktika, Werkstudentenjobs oder zu Unternehmensveranstaltungen, die für Studierende von Interesse sind, in Hochschulbibliotheken ist daher durchaus sinnvoll, um Studierende bzw. Talente anzusprechen.

Spenden – die Bibliothek als Sponsoringziel
Ebenso sinnvoll können das Sponsoring von oder Spenden an Hochschulbibliotheken sein. Die finanzielle Unterstützung einer Bibliothek schafft Aufmerksamkeit für arbeitgebende Unternehmen, muss jedoch »laut und deutlich«, d. h. wenig subtil, erfolgen, da die Studierenden ansonsten nicht erreicht werden bzw. von diesen Maßnahmen nichts mitbekommen.

Learning
»Welche Ansprüche haben Studierende an eine Bibliothek, wie kann man BIBs besser gestalten – und dabei uns als Absender dieser Optimierung deutlich kommunizieren?« statt »Welche Anforderungen haben die Hochschulverantwortlichen bezüglich der BIB-Ausstattung und einer monetären Unterstützung?!«

Chancen
- überdurchschnittlich hohe Aufenthalts- und Verweildauer der Zielgruppe Studierende

Nachteile
- Notwendigkeit einer deutlichen und lautstarken Kommunikation des Sponsorings von Bibliotheken, um zu der Zielgruppe der Studierenden durchzudringen
- Kommunikation an und in Bibliotheken muss einerseits auffällig genug sein, um die Aufmerksamkeit von Studierenden zu wecken, andererseits dezent, um dem Bibliotheksrahmen zu entsprechen

Fazit
- ein HR- und Recruiting-Instrument, das in erster Linie dem Gewinnen von Aufmerksamkeit für das sponsorende Unternehmen und seiner Arbeitgebermarke dient

3.3.4 Blogs

Blogs haben sich mittlerweile als eine vielversprechende Möglichkeit erwiesen, um Zugang zu Studierenden und Talenten zu finden. Dabei ist das Verfassen eigener Blogs oder auch das Schreiben von Beiträgen für Blogs von Dritten in gleichem Maße relevant bzw. erfolgversprechend. Erfolgreich sind Beiträge in Blogs aber nur, wenn diese genau auf die Interessen der Studierenden und Talente zugeschnitten sind.

Mitteilen und zuhören – Blogbeiträge mit Horizont
Unternehmen sollten daher keinesfalls (ausschließlich) von sich oder über sich sprechen. Vermeintlich interessante Inhalte, die es von Unternehmensseite aus zu berichten gibt (wer wir sind, was wir leisten, woher wir kommen, was wir anbieten etc.), treffen eher selten auf das Interesse von Studierenden. Blogbeiträge im unternehmenseigenen Blog bzw. im Karriereblog oder bspw. auch in Blogs von Hochschulen sollten sich ausnahmslos auf Inhalte konzentrieren, die Studierende interessieren und so auch ansprechen. Relevant sind Beiträge, denen Studierende und Talente unaufgefordert und quasi selbstverständlich ihre Aufmerksamkeit schenken und denen sie längerfristig folgen.

Bedürfnisse – Blogbeiträge als Bedürfniserfüller
Vor dem Verfassen von Beiträgen oder dem Erstellen eines eigenen Blogs sollte das Erkunden und Verstehen der Interessen von Studierenden und Talenten priorisiert werden. Diese Themen spiegeln idealerweise die Inhalte von Blogbeiträgen wider, mit denen Arbeitgeber und Unternehmen sich als Arbeitgebermarke positionieren.

Botschaften – Blogbeiträge als (An-)Werbemittel
Allein relevante Themen der Studierenden stehen dabei im Vordergrund, die Botschaften der arbeitgebenden (und um Talente werbenden) Unternehmen treten dabei idealerweise zurück.

Genauso relevant ist die Tonart jedes Blogbeitrags: Weder in Jugendsprache anbiedernd noch altmodisch-altbacken belehrend bzw. dozierend sind die idealen Tonarten, um den Nerv und den Geschmack der Talente zu treffen.

Learning

»Welche Themen und welche Schlagworte sind in der Lage, die Aufmerksamkeit der Studierenden bei Blogbeiträgen zu wecken?« statt »Welche für uns als Unternehmen wichtigen Themen wollen wir mittels Blogs kommunizieren?!«

Chancen

- Blogs können Engagement vermitteln, Involvement schaffen und den Austausch mit Studierenden initiieren.

Nachteile

- Blogs funktionieren nur, wenn sie regelmäßig und kontinuierlich mit aktuellen und für die Studierenden relevanten Inhalten überzeugen.

Fazit

- Blogs eignen sich hervorragend, um Studierende zu erreichen und zu überzeugen – allerdings ist der Bedarf an Ressourcen (Zeit und Personal) zum Pflegen von Blogs recht hoch.

3.3.5 Broschüren

Broschüren sind zwar ein absolut analoger Kommunikationskanal und erscheinen so mehr als traditionell, dennoch haben sie eine nicht zu unterschätzende Existenzberechtigung bei der Ansprache von Studierenden am Campus. Denn grafisch attraktive und inhaltlich überraschend gestaltete Informationsbroschüren, die aktuelle Themen aufgreifen, die für Studierende unterhaltsam, glaubwürdig, interessant und relevant sind, können den Kontakt zu Studierenden aufbauen, intensivieren bzw. Arbeitgebermarken stärken.

Zeitpunkt – Broschüren als sinnvolle Lückenfüller

Ähnlich wie Aushänge haben Broschüren genau dann eine Chance bzw. kommen dann zum Einsatz, wenn sich die Studierenden an der Hochschule aufhalten und dort bspw. auf die nächste Vorlesung, auf Kommiliton:innen oder auf Dozent:innen warten. In diesen Zeitfenstern und »Leerlaufphasen« greifen Studierende aus Langeweile, Interesse oder Neugier gerne zu einer Unternehmensbroschüre.

Learning

»Welche Themen sind für Studierende so interessant, dass es sich für sie lohnt, eine Broschüre nicht nur zur Hand zu nehmen, sondern diese zu lesen oder eventuell sogar weiterzureichen?«

statt »*Was ihr als Studierende im Rahmen einer perfekten Hochglanzbroschüre von uns als Unternehmen und Arbeitgeber unbedingt wissen müsst!*«

Chancen
- Broschüren sind einfach in der Herstellung und Verbreitung, sie stellen für das (operative) Marketing keine große Herausforderung dar.

Nachteile
- Broschüren sind überaus herausfordernd in der (von Studierenden als ansprechend empfundenen) inhaltlichen Gestaltung, Aktualität und Themenfindung.

Fazit
- Broschüren sind ein analoges Standardinstrument, das nur bedingt umgehend die Aufmerksamkeit der Studierenden auf sich zieht und Interesse weckt, aber im richtigen Moment zu überzeugen weiß.

3.3.6 Corporate Influencer:innen

Ein Recruiting-Instrument, das aufseiten der Studierenden und Talente eine überdurchschnittlich hohe Aufmerksamkeit auf sich zieht, sind sog. Corporate Influencer:innen. Denn Mitarbeiter:innen, die Einblicke in »ihr« Unternehmen ermöglichen, es vorstellen und erklären, verfügen über einen meist hohen Bekanntheitsgrad und eine vorzeigbare Reputation (Index Agentur 2023b). Mitarbeiter:innen, die sich in ihrem privaten Umfeld positiv über ihren Arbeitgeber äußern, genießen eine enorme Glaubwürdigkeit. Daher ist es für Unternehmen von Vorteil, zufriedene Mitarbeiter:innen zu identifizieren und als Unternehmensbotschafter:innen zu rekrutieren, um in deren Netzwerk ihr gutes Arbeitgeberimage bekannt zu machen.

Alltagsgeschichten – Corporate Influencer:innen wirken
Studierende der Generation Z schenken gerade diesen Fürsprecher:innen von Unternehmen deutlich eher ihre Aufmerksamkeit als klassischen HR-Kommunikationsinstrumenten. Dabei wirken vor allem jüngere Mitarbeiter:innen der Generation Z und Y, die von ihrem Arbeitsalltag, von ihren Erfolgen und Erfahrungen sowie von den Vor- und gegebenenfalls auch von den Nachteilen berichten. Sie schaffen Nähe zu Talenten und erste Anknüpfungspunkte, um mit ihnen in den Dialog zu treten.

Strategiebestandteil – Corporate Influencer:innen sind Teil einer Strategie
Der Einsatz von Corporate Influencer:innen bedarf allerdings einer strategischen Vorgehensweise – und darf nicht ungeplant bzw. aus einer kurzfristigen Perspektive heraus erfolgen. Das Screening und die Auswahl geeigneter Corporate Influencer:innen ist dabei die erste entscheidende bzw. kritische Hürde. Denn diese müssen zum Unternehmen sowie zur Zielgruppe passen und das Unternehmen repräsentieren, die Studierenden adäquat ansprechen, Social-Media-

affin bzw. -kompetent sein und dort entsprechend agieren. Corporate Influencer:innen sollten idealerweise auf LinkedIn, Instagram und/oder auch TikTok »performen« können – und wollen.

Eignung – Corporate Influencing kann nicht jede:r

Der Irrglaube, dass alle Vertreter:innen der Generation Z Social Media beherrschen und dies auch wollen, d.h. Spaß daran haben, ist in Managementetagen leider weit verbreitet. Doch nicht jede:r Mitarbeiter:in aus der Generation Z oder Y ist ein Social-Media-Profi. Und nicht jede:r weiß, wie man den eigenen Arbeitgeber in den Sozialen Medien richtig positioniert, wie man mit einer HR-Zielgruppe richtig kommuniziert. Zudem möchten sich nicht alle Mitarbeiter:innen in diesen Netzwerken oder auf diesen Plattformen derart exponieren, sich nicht unbedingt längerfristig zu einer solchen Tätigkeit verpflichten oder derart für den Arbeitgeber und das Arbeitgeberimage einstehen.

Ressourcen – Corporate Influencing kostet Zeit

Ein weiterer Irrglaube ist, dass Corporate Influencer:innen diese Tätigkeit »mal so nebenbei« und/oder unentgeltlich ausüben sollten bzw. würden. Die Aufgaben und auch die Verantwortung dieser Mitarbeiter:innen sind nicht zu unterschätzen. Das Posten für den eigenen Arbeitgeber, das Erstellen und Bearbeiten von Texten und Bild- bzw. Filmmaterial, das Identifizieren und Kreieren von Hashtags, das Taggen von Teammitgliedern, Kolleg:innen und Vorgesetzten kostet Zeit. Dafür müssen Corporate Influencer:innen eine entsprechende Stundenzahl freigestellt werden oder aber für ein derartiges Mehr an Arbeit zusätzlich entlohnt werden.

Authentizität – Corporate Influencer:innen erfordern Glaubwürdigkeit

Ein letzter Erfolgsfaktor für aufmerksamkeitsstarke und glaubwürdige Corporate Influencer:innen aber ist das Thema Authentizität. Corporate Influencer:innen, die im »Worst Case« ausschließlich von der Chefetage vorgegebene Inhalte posten, werden nie die Aufmerksamkeit und schon gar nicht das Interesse von Studierenden gewinnen. Allein diejenigen, die ihre eigene Meinung und eigene Erfahrungen teilen, den Arbeitgeber auch einmal hinterfragen oder kritisieren, die sich nicht verstellen, ihren eigenen Stil beim Posten haben und ungekünstelt-ungestellt ihre Arbeitswelt teilen, sind als Recruiting-Instrument erfolgreich. Die größte Herausforderung beim Einsatz von Corporate Influencer:innen liegt daher zum einen in deren Auswahl, zum anderen in deren Wertschätzung und darin, ihnen (insbesondere seitens der Unternehmensführung und Unternehmenskommunikation) so viel Freiheiten bei Post-Beiträgen wie möglich zu lassen.

Corporate Influencer:innen sind Teil eines HR-Prozesses

Als Ergänzung dieses Rekrutierungsinstrumentes ist das Einbeziehen des HR-Teams empfehlenswert. Wenn im Idealfall die Studierenden Corporate Influencer:innen in den Sozialen Medien folgen, sollten im Anschluss die Personalverantwortlichen des jeweiligen Unternehmens in Kontakt zu diesen Studierenden treten, um deren Interesse für den bzw. die Corporate Influencer:in in das Interesse für das Unternehmen als Arbeitgeber weiterzuentwickeln (Index Agentur 2023b).

Learning
»Welche Akteur:innen, Einblicke und Wahrheiten zu uns als Unternehmen und Arbeitgeber sind für Studierende von Bedeutung?« statt »Was unsere perfekten und professionellen Mitarbeiter:innen über uns zu sagen haben (oder sagen müssen)!«

Chancen
- Corporate Influencer:innen genießen Aufmerksamkeit und Glaubwürdigkeit.

Nachteile
- Corporate Influencer:innen werden als strategisches Recruiting-Instrument oftmals unterschätzt.

Fazit
- Corporate Influencer:innen sind das perfekte Instrument, um Studierende nicht nur zu erreichen, sondern um sie glaubwürdig mit Unternehmensinformationen zu erreichen und zu überzeugen, sie benötigen jedoch zugleich nicht unterschätzende Ressourcen.

3.3.7 Exkursionen

Ein erfolgversprechendes Instrument zum Erhöhen der Bekanntheit der eigenen Arbeitgebermarke bei Studierenden sind Exkursionen zu Unternehmen. Führungen durch Werks- oder Fabrikationshallen und/oder durch Büros, ein gemeinsames Mittagessen mit potenziellen Kolleg:innen in der Firmenkantine sowie Gespräche mit Angestellten und eventuell sogar mit dem Management schaffen Nähe zu den Produkten und Dienstleistungen des Unternehmens, zu potenziellen Kolleg:innen sowie zur Arbeitgebermarke und zum Unternehmen als zukünftigem Arbeitgeber.

Engagement – Exkursionen ermöglichen Involvement
Studierende in das eigene Unternehmen einzuladen und ihnen so das Unternehmen als möglichen Arbeitgeber nahezubringen, ist allein durch Exkursionen, d.h. das Einladen von Studierenden und das Erleben des Unternehmens durch Studierende, möglich. Sie sind der beste Weg, um einerseits als Arbeitgeber Engagement gegenüber Talenten zu zeigen und andererseits vonseiten der Studierenden einen initiierenden Grad an Involvement zu schaffen, um mit potenziellen Arbeitgebern in den Austausch zu treten.

Einblicke – Exkursionen ermöglichen Insights
Studierende sind durch einen Blick hinter die Kulissen von Unternehmen überdurchschnittlich stark für den Arbeitgeber einzunehmen und zu überzeugen. Diejenigen, denen es gelingt, Eindrücke in die Arbeitswelt und in ihr Unternehmen zu ermöglichen, schaffen eine erste (und eventuell auch längerfristige) Bindung zu Talenten. Denn sie ermöglichen es Studierenden so, sie auf vielfältige Weise näher kennenzulernen, sei es über Einblicke in die Produktionshalle,

die Bürogebäude, die Kantine und/oder in den Fitnessbereich. Für Studierende interessant ist alles, was mögliche Arbeitgeber ausmacht und deren Kultur kennzeichnet. Dabei können sowohl für die Arbeitgebermarke bedeutsame Eindrücke vom Fließband (auch wenn man als zukünftige:r Absolvent:in nicht am Fließband arbeiten wird), von der Einrichtung der Büros (wo man gegebenenfalls als zukünftige:r Absolvent:in einen Teil seines Berufslebens verbringen könnte) oder auch von der Menüauswahl in der Kantine (Inwiefern achtet das Unternehmen auf Mitarbeiter:innen mit Allergien oder vegetarischer bzw. veganer Ernährung?) kommen.

Alltag – Exkursionen schaffen Transparenz
Studierende, die sehen, was bei Unternehmen als Arbeitgebern geschieht, unter welchen Bedingungen Arbeit(sleistung) erfolgt und inwiefern Wertschätzung gegenüber Arbeitnehmer:innen gelebt wird (oder auch nicht), sind in der Lage, sich ein deutlich differenzierteres Bild von zukünftigen Arbeitgebern zu machen und so zu entscheiden, ob ein Unternehmen als Arbeitgeber für sie infrage kommen könnte.

Aufwand – Exkursionen sind aufwendig
Die Durchführung und das Gelingen von Exkursionen hängen allerdings von den entsprechenden Kontakten der Hochschulbeteiligten ab. Da die Organisation von Exkursionen relativ aufwendig ist, scheuen viele Dozent:innen und Verantwortliche an Hochschulen davor zurück. Die erfolgreiche Umsetzung von Unternehmensexkursionen steht und fällt daher mit dem Identifizieren von engagierten Hochschulkontakten sowie dem Pflegen dieser Kontakte.

Learning
»Welche Bereiche und Themen vor und hinter den Kulissen unseres Unternehmens sind für Studierende bei attraktiven Arbeitgebern und Arbeitgebermarken von Bedeutung?« statt »Was für eine perfekte Selbstdarstellung und Show wir den Studierenden als potenzieller Arbeitgeber bieten!«

Chancen
- Exkursionen schaffen schnell Transparenz und dadurch Nähe zu zukünftigen Arbeitgebern.

Nachteile
- Exkursionen sind abhängig vom Involvement und Organisationstalent der seitens der Hochschulen beteiligten Kontakte.

Fazit
- Exkursionen sind von Unternehmensseite her als Recruiting-Instrument äußerst vielversprechend und auch relativ einfach zu organisieren, jedoch größtenteils herausfordernd, wenn es um die Organisation und vor allem das Engagement seitens der Hochschulverantwortlichen geht.

3.3.8 Fachartikel

Viele Studierende befassen sich bereits ab dem Beginn ihres Studiums mit fachspezifischen Themen, welche die Schwerpunkte ihres Studiums betreffen. Abseits der Hochschulen erarbeiten sich Studierende heutzutage recht früh und selbstständig ihr eigenes Know-how zu bspw. Wirtschaftspsychologie, Betriebswirtschaft, Ingenieurswesen oder Rechtsthemen. Sie interessieren sich für alles, was ihren Studienschwerpunkt betrifft – und nicht nur für Studien-, Lehr- oder Skriptinhalte, die Hochschulen vorgeben.

Fachartikel erzeugen Aufmerksamkeit

Daher spielen das Verfassen und das Veröffentlichen von fachspezifischen Artikeln im Rahmen des Campus-Recruiting mittlerweile eine nicht zu unterschätzende Rolle. So eröffnen Fachartikel arbeitgebenden Unternehmen die Möglichkeit, Studierende auf sich aufmerksam zu machen und gegebenenfalls von ihrer (Fach-)Kompetenz oder sogar von ihrer Vorreiterrolle im Sinne eines »Thought Leadership« (der Meinungsführerschaft eines Unternehmens in einem Spezialgebiet) zu überzeugen. Das Vermitteln von spezifischem Branchen-Know-how und das Verdeutlichen von Ansichten zu bestimmten Themen und Fragestellungen lenken die Aufmerksamkeit und das Interesse von Studierenden auf die Verfasser:innen der Artikel und damit auf die absendenden Unternehmen bzw. Arbeitgeber. Mittels Fachartikeln gelingt es Unternehmen, durch ein souverän-kompetentes Auftreten in der fachspezifischen Öffentlichkeit bei Studierenden Aufmerksamkeit zu wecken und so Interesse für die Arbeitgebermarke und Involvement für einen intensiveren Austausch mit dem Unternehmen aufzubauen.

Fachartikel schaffen Relevanz

Um mit den Studierenden in den weiteren Austausch gehen zu können, nachdem man ihre Aufmerksamkeit und ihr Interesse geweckt hat, sollten die Verfasser:innen von Fachartikeln in den Sozialen Medien, insbesondere auf LinkedIn, präsent sein. So können sich interessierte Studierende weiter über sie informieren, ihnen gegebenenfalls folgen oder mit ihnen in Kontakt treten, Fragen stellen und auch das dahinterstehende Unternehmen näher betrachten. Gerade Corporate Influencer:innen sollten als Verfasser:innen von Fachartikeln (oder auch von Interviews) in Erscheinung treten, um das volle (Recruiting-)Potenzial ihrer Rolle zu nutzen. Und bei Verfasser:innen von Fachartikeln wiederum sollte überprüft werden, inwieweit sie Potenzial für eine Position als Corporate Influencer:in haben.

Fachartikel fördern Rekrutierungserfolge

Um die Möglichkeiten von Fachartikeln als Recruiting-Instrument möglichst voll auszuschöpfen, ist als weiterer Schritt das Einbeziehen des HR-Teams sinnvoll. Denn sobald interessierte Studierende den Verfasser:innen von Fachartikeln bspw. auf LinkedIn folgen oder diese direkt ansprechen, sollte im Sinne eines »Direct Sourcing« (der direkten Ansprache interessanter Kandidat:innen) der Kontakt zu genau diesen Studierenden durch Mitglieder des Personalteams aufgenommen werden.

Learning

»Welche Ansichten vertreten wir als Unternehmen zu fachspezifischen oder auch gesellschaft-
lich relevanten Themen, die Studierende interessieren?« statt *»Was wir als Unternehmen gut*
können und worüber wir dementsprechend gerne berichten – was Studierende aber eventu-
ell überhaupt nicht interessiert!«

Chancen

- Fachartikel sind die ideale Plattform, um sich als kompetenter Arbeitgeber zu positionieren, sowie ein exzellenter Anknüpfungspunkt, um Studierende auf sich aufmerksam zu machen bzw. mit ihnen sogar in den Austausch zu treten.

Herausforderungen

- Fachartikel dienen dazu, auf sich als Arbeitgeber aufmerksam zu machen, funktionieren als Recruiting-Tool aber nur, wenn frühzeitig das Nachverfolgen der durch dieses
  Instrument und durch Social Networks aufgebauten Kontakte mit den entsprechenden Ressourcen mitgedacht wird und geplant ist.

Fazit

- Fachartikel vermitteln schnell und direkt Kompetenz und Know-how seitens Unter-
  nehmen(svertreter:innen) und Arbeitgebern, sprechen (jedoch nur in Teilen) die Zielgruppe der Studierenden an und verlangen zudem das Einbetten in eine ganzheitliche
  Rekrutierungsstrategie.

3.3.9   Firmenpräsentationen

Unternehmen, die Hochschulen als Plattform nutzen, um sich Studierenden durch die Präsentation ihres Unternehmens und ihrer Arbeitgebermarke vorzustellen, kommen dieser Recruiting-Zielgruppe nicht nur schnell näher, sondern intensivieren Kontakte zu Studierenden
dadurch auch. Der Wandel vom anonymen Unternehmen und unnahbaren Konzern zum nah-
baren potenziellen Arbeitgeber ist gerade durch Unternehmenspräsentationen möglich.

Firmenpräsentationen funktionieren als Hochschulkooperation
Daher sollten Unternehmen an Hochschulen bzw. deren Vertreter:innen herantreten, um sich
dort eine Bühne zu schaffen. Im Rahmen von bspw. Vorlesungen können Unternehmen sich,
ihre Schwerpunkte und Kompetenzen vorstellen – und sich so als Arbeitgeber auf die Agenda
der Studierenden setzen. Zu beachten sind dabei jedoch folgende Punkte:

Firmenpräsentationen sind unique und nicht skalierbar
Zum einen darf es sich bei einer Unternehmenspräsentation, die vor Studierenden und für Studierende gehalten wird, nicht um eine »generische 08/15-Präsentation« handeln. Uninspirie-
rende Präsentationen, die für jeden externen Präsentationsanlass und für ausnahmslos jede

Zielgruppe aus der Schublade bzw. vom Server gezogen und ohne weiteres Engagement gezeigt werden, treffen bei Studierenden nahezu ausnahmslos auf Desinteresse, erzeugen häufig aber sogar Langeweile bis hin zu Reaktanz. Studierende reagieren regelrecht »verschnupft« auf Standardpräsentationen von Unternehmen, die offensichtlich wenig oder im schlimmsten Falle überhaupt nicht entsprechend dem Anlass und/oder der Zielgruppe überarbeitet bzw. angepasst wurden. Absolute No-Gos sind bspw. Startseiten von Präsentationen oder generell Slides, bei denen weder der Ort noch die konkrete Hochschule oder ein spezifisches Vortragsthema genannt werden – und eventuell noch ein veraltetes Datum auf den Slides zu sehen ist. Die Studierenden erwarten von einem potenziellen Arbeitgeber Interesse und Involvement: Interesse des Unternehmens für die Interessen der Studierenden (»Welche Themen muss ich als Arbeitgeber kommunizieren, um das Interesse zukünftiger Mitarbeiter:innen zu wecken?!«) und Involvement des Unternehmens, um in den Austausch mit Studierenden zu treten (»Wie kann ich als arbeitgebendes Unternehmen Studierenden zeigen, dass ich sie wertschätze und mich um sie bemühe?!«).

Firmenpräsentationen sind kein Standard
Zum anderen sollte eine Unternehmenspräsentation keine offensichtlich um Talente werbende und rein HR-fokussierte Unternehmensdarstellung sein. Die Studierenden wollen durch Firmenpräsentationen ausschließlich Know-how vermittelt bekommen, verlangen nach spezifischen Insights von Profis aus der Praxis und wünschen sich einen uniquen Mehrwert, der sie hinsichtlich ihres Studiums und auch im Hinblick auf den eigenen Horizont weiterbringt. Sie möchten »etwas für sich mitnehmen«. Und so wollen sie eben keinen Vortrag, der allein das Unternehmen als (vermeintlich) attraktiven Arbeitgeber mit allen seinen Vorzügen als Employer Brand in den Mittelpunkt stellt. Unternehmenspräsentationen, die nicht mehr vermitteln als Informationen, die auch auf der (Karriere-)Website verfügbar gewesen wären, sind aus Sicht der Studierenden reine Zeitverschwendung. Im »Worst Case« erhalten Unternehmen und Dozent:innen eventuell sogar das Feedback, dass eine normale Vorlesungseinheit besser und interessanter gewesen wäre als ein generischer und nichtssagender Unternehmensvortrag.

Learning
»Welche Fragen haben Studierende an uns als Unternehmen, was wollen sie von uns als Arbeitgeber wissen?« statt »Hört her, was wir euch (und allen anderen Zielgruppen und Stakeholdern) generell über uns als Unternehmen und als Arbeitgeber zu verkünden haben!«

Chancen
- Firmenpräsentationen sind der direkte Draht zu Studierenden, schaffen Face-to-face-Kontakte und im Idealfall einen Wissenstransfer mit Mehrwert für diese Recruiting-Zielgruppe.

Nachteile
- Firmenpräsentationen müssen auf die Studienschwerpunkte und die aktuellen Fragen sowie Interessen der Studierenden ausgerichtet sein.

Fazit

- Firmenpräsentationen sind eine einmalige Chance, um bei Studierenden mittels Informationen mit Mehrwert zu punkten – oder aber durch nichtssagende Präsentationen deren Interesse zu verlieren.

3.3.10   Foren

Foren sind eine weitere Möglichkeit, um Studierende auf sich aufmerksam zu machen bzw. deren Interesse auf sich zu ziehen. Unternehmensvertreter:innen, die sich mit Beiträgen und Meinungen aktiv in Foren einbringen, können ihre Stimme so zugunsten des eigenen Arbeitgebers im Sinne des HR-Recruiting nutzen.

Foren vermitteln Ansichten
Foren, in denen Themen diskutiert werden, die für Studierende von Interesse sind, können von Unternehmensvertreter:innen als Plattform genutzt werden, um ihre Ansichten zu vermitteln, Erfahrungen zu teilen und wertvolles Know-how weiterzugeben. Zur Diskussion könnten hierbei zum einen Themen kommen, die konkret die Studienschwerpunkte der Studierenden betreffen (Aktuelles aus bspw. den Bereichen Jura, Betriebs- oder Volkswirtschaft, Physik, Chemie oder Biologie, Psychologie oder Soziologie, Kunst oder Architektur – je nachdem, welche Studierenden bzw. Absolvent:innen welcher Fachrichtungen für das Unternehmen von Interesse sind). Zum anderen sollten hier Themen auf die Agenda gesetzt und seitens Unternehmensvertreter:innen besetzt werden, die für die Studierenden der Generation Z generell von Bedeutung sind, bspw. Nachhaltigkeit, Umweltschutz und Klimawandel, Vielfalt und Inklusion, Chancengleichheit und Geschlechtergerechtigkeit (Index Agentur 2023b).

Foren schärfen das Profil
Beiträge in Foren (oder auch in Wikis, Bulletin Boards, Mailinglisten oder Diskussionslisten) können das Profil einer Arbeitgebermarke aufbauen und schärfen, das Interesse von Studierenden auf sich lenken und so als Rekrutierungsinstrument genutzt werden. Wichtig dabei sind kontinuierliche und einheitliche Beiträge, da Foren-Input nicht nur sporadisch, sondern regelmäßig erfolgen sollte und nur so eine nachvollziehbare sowie konsistente Meinung des Unternehmens widerspiegeln kann.

Learning
»Welche Themen beschäftigen Studierende – und was können wir als Unternehmensvertreter:innen zu diesen Themen beitragen und berichten?« statt »Was wir im Rahmen von Foren über uns als Unternehmen und Arbeitgeber sagen möchten!« oder »Schaut gerne mal auf unsere Website, denn Kommunikationskanäle, die für euch als Studierende von Bedeutung sind (so wie Foren oder Blogs), interessieren uns nicht.«

Chancen
- In Foren haben Unternehmen die Möglichkeit, auf engagierte und neugierig-interessierte Studierende zu treffen und sich sowohl als Interessensvertreter als auch als Arbeitgeber zu positionieren.

Nachteile
- Forenbeiträge müssen kontinuierlich und stringent durch Unternehmensvertreter:innen erfolgen, die so aufgebauten Kontakte zu Studierenden müssen von HR direkt nachverfolgt werden.

Fazit
- Foren sind eine souveräne und ambitionierte Art, um als Unternehmen und Arbeitgeber auf sich aufmerksam zu machen und um seine Meinung sowie sein Know-how bei Studierenden bekannt zu machen.

3.3.11 Forschungsaufträge

Eine weitere Möglichkeit, um sich vor allem engagierten und überdurchschnittlich talentierten Studierenden als Unternehmen und als Arbeitgeber zu präsentieren, ist die Vergabe von Forschungsaufträgen. Unternehmen wählen dabei Themen, Schwerpunkte und entsprechende Forschungsansätze, die einerseits für sie von Bedeutung und andererseits für genau die Studierenden von Interesse sind, die das Unternehmen als zukünftige Arbeitnehmergruppe anvisiert.

Forschungsaufträge müssen nicht die Hochschule ansprechen
Die entsprechenden Forschungsthemen sind mit den Hochschuldozent:innen bzw. den Lehrstuhlinhaber:innen abzustimmen, vor allem jedoch mit den Interessen und Zielen der Studierenden abzugleichen. Forschungsaufträge, die allein den Interessen und Bedürfnissen der Hochschulverantwortlichen entsprechen, steigern und stärken zwar die Beziehung von Unternehmen zu Hochschulen, lassen jedoch die eigentliche Zielgruppe der Studierenden außer Acht.

Forschungsaufträge müssen die Studierenden interessieren
Erfolgreich im Sinne eines Campus-Recruiting-Ansatzes sind Forschungsaufträge daher nur, wenn die gesamte Thematik in erster Linie aus der Perspektive der Studierenden konzipiert und angegangen wird. Als Arbeitgeber sollte man deshalb zuerst Forschungsthemen identifizieren, die für die Studierenden attraktiv sind, und erst dann an die betreffenden Hochschulen herantreten, um die Zusammenarbeit und auch monetäre Themen abzustimmen.

Forschungsaufträge entwickeln sich im Austausch
Sinnvoll ist dafür der frühzeitige und regelmäßige Austausch mit Studierenden, um deren Interessen kennenzulernen und im Idealfall sogar mit ihnen gemeinsam Forschungsschwerpunkte zu bestimmen. Zu beachten ist dabei, dass sich die Agenden der Hochschulen und der Stu-

dierenden größtenteils stark voneinander unterscheiden. Fatal wäre daher das Verfolgen der hochschuleigenen Agenda, die im besten Falle die Interessen der Studierenden kaum widerspiegelt, im schlimmsten Falle jedoch nicht den Interessen der Studierenden entspricht.

Learning
»Welche Probleme wollen Studierende durch ihre eigenen Forschungsansätze lösen?« statt *»Welche Themen der unternehmenseigenen Agenda sollen Studierende bearbeiten?«*

Chancen
- Mit Forschungsaufträgen erreicht man idealerweise Studierende, die sich durch Engagement, Involvement sowie Talent auszeichnen, und baut eine Beziehung zu ihnen auf.

Herausforderungen
- Forschungsaufträge sollten vorrangig den Interessen und Zielen der Studierenden entsprechen und nicht allein die Agenda von Hochschulen befriedigen.

Fazit
- Forschungsaufträge sind ein mittel- bis langfristig ausgerichtetes Rekrutierungsinstrument, um Studierende auf sich aufmerksam zu machen und durch die gemeinsame Zusammenarbeit eine Verbindung zu ihnen aufzubauen.

3.3.12   Freelancer:innen

Eine berufliche Tätigkeit neben dem Studium, der Nebenerwerb während des Studiums, ist für Studierende nach wie vor wichtig. Viele Studierende müssen neben dem Studium etwas dazuverdienen, finanzieren ihr Studium selbst oder wollen einfach nur Erfahrungen sammeln und dabei etwas zusätzlich verdienen.

Freelancer-Jobs bieten viele Vorteile für verschiedene Akteur:innen
Das Interesse an einer Nebentätigkeit seitens der Studierenden ist groß. Sie suchen eine sinnvolle Tätigkeit, die sie inhaltlich weiterbringt und dabei angemessen bezahlt wird. Daher ist eine Beschäftigung als freiberufliche:r Selbstständige:r (Freelancer:in) für Studierende in vielerlei Hinsicht eine vielversprechende und lukrative Möglichkeit, um einen langfristigen Einblick in die Unternehmens- und Wirtschaftspraxis zu gewinnen. Zudem besteht für Studierende, die als Freelancer tätig sind, die Möglichkeit, sich mit ihrem Wissen in Unternehmen sinnvoll und nachhaltig, jedoch zugleich unverbindlich einzubringen.

Freelancer-Vorteile für Arbeitgeber
Für arbeitgebende Unternehmen hingegen ist die Zusammenarbeit mit Studierenden als Freelancer:innen ein weiterer Kontaktpunkt mit Talenten, der Aufmerksamkeit in der Studentenschaft generiert, den kontinuierlichen Austausch mit Studierenden gewährleistet und die

Bindung an das Unternehmen steigert. Interessant sind für Unternehmen dabei Studierende, die bereits aufgrund eines Praktikums bzw. aufgrund einer weiterführenden Werkstudententätigkeit bekannt sind und aufgrund ihrer bisherigen Leistung geschätzt werden.

Freelancer-Vorteile für Studierende
Aber auch Studierenden-Freelancer:innen, die dem Unternehmen (noch) nicht bekannt sind, stellen eine interessante Zielgruppe dar. Für Unternehmen, die Kapazitätsengpässe dank der Tätigkeit und Leistung von Freelancer:innen meistern, bietet sich dadurch gleichzeitig die Möglichkeit, neue HR-Zielgruppen zu erschließen, zu denen sie ansonsten keinen Zugang gehabt hätten.

Learning
»Welche interessanten und einen Mehrwert bietenden Aufgaben können wir als Unternehmen und Arbeitgeber den Studierenden als freien Mitarbeiter:innen bieten?« statt »Wo benötigen wir als Unternehmen Unterstützung durch Studierende, die als Freelancer:innen tätig sind; welche Kapazitätsengpässe gilt es durch Studierende zu lösen?!«

Chancen
- Studierende als Freelancer:innen sind die Antwort auf Kapazitätsengpässe und zugleich der Zugang zu zukünftigen Fach- und Führungskräften.

Herausforderungen
- Studierenden-Freelancer:innen muss eine interessant-sinnvolle sowie adäquat bezahlte Tätigkeit geboten werden, zudem sollte während ihrer Beschäftigung eine weiterführende Bindung zu ihnen aufgebaut werden, um sie in den Talent-Pool des Unternehmens integrieren zu können.

Fazit
- Freelancer:innen haben »Eierlegende Wollmilchsau«-Potenzial – sie unterstützen bei HR- bzw. Kapazitätsengpässen und bieten sich zudem als mögliche Fach- und auch Führungskräfte an. Allerdings kann dieses Potenzial nur ausgeschöpft werden, wenn sie von Anfang an strategisch betreut und so an das Unternehmen als zukünftigen Arbeitgeber gebunden werden.

3.3.13 Gastdozentur

Wer es als Unternehmensvertreter:in nicht allein bei Gastvorträgen im Rahmen von Vorlesungen oder anderweitigen Hochschulveranstaltungen belassen möchte (s. u.), sollte sich hinsichtlich einer Gastdozentur an Hochschulen wenden. Das Engagement als Gastdozent:in ist eine weitere vielversprechende Recruiting-Chance am Campus und eröffnet den direkten Zugang zu Studierenden.

Gastdozenturen bieten Arbeitgebern eine Bühne

Viele Universitäten und Hochschulen arbeiten mit Vorliebe und dementsprechend häufig mit externen Dozent:innen aus der Wirtschaft und Unternehmenspraxis zusammen, da diese den Studierenden aktuelle und tiefergehende Einblicke in Praxis und Wirtschaft ermöglichen. Daher ist es für viele Unternehmen eine interessante Option, im Rahmen einer Rekrutierungsstrategie geeignete und interessierte Mitarbeiter:innen für eine Gastdozentur an Hochschulen freizustellen. Das zeitliche Engagement dabei umfasst nur wenige Stunden pro Monat, die Chancen und der mögliche HR-Output allerdings sind vielversprechend.

Gastdozenturen wirken langfristig und nachhaltig

Als Gastdozent:in hat man über den Zeitraum eines ganzen Semesters, d. h. über mehrere Monate, die einzigartige Möglichkeit, Studierende kennenzulernen, zu begleiten und auch bezüglich ihrer Kompetenzen einzuschätzen. So schafft man eine nicht zu unterschätzende Nähe, die man im Laufe des Semesters und im Rahmen der Gastvorlesungen zur Positionierung als möglicher Arbeitgeber nutzen sollte. Als Resultat eines derartigen Engagements schließen sich für viele Studierende direkt an ein gemeinsames Semester Praktika oder Werkstudententätigkeiten im Unternehmen der Gastdozent:innen an, da die Studierenden ihren Dozent:innen nach einem derart ausführlichen Kennenlernen gerne in die Praxis und in das entsprechende Unternehmen folgen.

Gastdozent:innen müssen »richtig rocken«

Voraussetzung dafür ist zum einen das Identifizieren von Hochschulen und Vorlesungen, die den unternehmenseigenen Schwerpunkten und Aufgaben entsprechen, um die passenden Studierenden anzusprechen; zum anderen das Identifizieren geeigneter Kandidat:innen von Unternehmensseite, die in der Lage sind, sowohl das Vorlesungsthema als auch das Unternehmen und dessen Arbeitgebermarke engagiert und im Idealfall auch mitreißend zu transportieren.

Learning

»Welche Teammitglieder haben die Fähigkeit, Talente für unser Unternehmen und unsere Arbeitgebermarke zu begeistern?« statt »Welche Vorlesungen lassen wir durch x-beliebige Mitarbeiter:innen aus der HR-Abteilung halten, um uns vielversprechenden Studierenden vorzustellen?!«

Chancen

- Eine Gastdozentenschaft bietet die Möglichkeit, Studierende »direkt aus dem Hörsaal« zu akquirieren.

Herausforderungen

- Die Gastdozentur muss dazu genutzt werden, durch engagierte Unternehmensvertreter:innen Nähe zu den Studierenden aufzubauen, diese für das eigene Unternehmen und für die Branche zu begeistern sowie entsprechende Talente zu identifizieren.

Fazit

- Bei wenig Aufwand sind die Erfolgschancen des Campus-Recruiting-Instruments Gast-dozentur außergewöhnlich hoch.

3.3.14 Gastvorlesungen

Im Rahmen von Gastvorlesungen können Unternehmensvertreter:innen ihr Wissen vermitteln, ihr Unternehmen vorstellen und über ein ganzes Semester hinweg die Beziehung zu den Studie-renden aufbauen. Dafür übernimmt ein:e Unternehmensvertreter:in eine gesamte Vorlesung in einem Semester, bespricht mit den Studierenden die Lehrinhalte und das Skript, diskutiert verwandte Themen und gibt anhand von eigenen Erfahrungen Einblicke in die Wirtschaft und Unternehmenspraxis.

Gastvorlesungen schaffen Involvement für Unternehmen

Wichtig und vor allem erfolgversprechend ist dabei der seitens der Unternehmensvertreter:in-nen für die Studierenden zu schaffende Mehrwert. Denn eine Standardvorlesung können Do-zent:innen halten, Vorlesungen mit Praxisrelevanz und Wirtschafts-Insights hingegen bieten meist nur Profis und Expert:innen aus der Praxis. Die Erwartungen der Studierenden sind daher relativ groß, wenn es um Gastvorlesungen bzw. Gastdozent:innen geht. Es gilt, diese hohen Erwartungen nicht zu enttäuschen, sondern durch möglichst viele anschauliche und aktuelle Praxisbeispiele zu erfüllen.

Gastvorlesungen bieten Insights zu Arbeitgebern

Geschichten und Erfahrungen »aus dem Nähkästchen« sind die Erfolgsfaktoren, wenn es um den Aufbau einer Verbindung und das Schaffen von Nähe zu der Zielgruppe Studierende geht. Je mehr Einblicke man ihnen in den Arbeitsalltag bzw. »hinter die Kulissen« von Unternehmen ermöglicht und je mehr man mit ihnen insbesondere aktuelle Themen auf Augenhöhe disku-tiert, umso eher gelangt man ins »Relevant Set« (die Auswahl an für die Studierenden interes-santen und somit relevanten Arbeitgebern) attraktiver Unternehmen.

Gastvorlesungen vermitteln Eindrücke aus der Praxis

Idealerweise integriert man in Gastvorlesungen und -vorträge zudem »Best Practices« aus dem eigenen Arbeitsalltag, d.h. Erfolgsgeschichten, die kennzeichnend für das Unternehmen sind, sowie eine daran anschließende Firmenexkursion, damit die Studierenden das Unterneh-men im »Next Step« näher kennenlernen können. Auch die Abschlusspräsentation von bspw. Prüfungsreferaten im Unternehmen anstelle von an der Hochschule durchgeführten Präsen-tationen zum Ende der Vorlesungsreihe bzw. zum Ende des Semesters haben das Potenzial, Studierende für den potenziellen Arbeitnehmer einzunehmen.

Learning

»Welche Erfahrungsberichte aus der Praxis bringen Studierende im Rahmen von Vorlesungen weiter?« statt *»Was wir von uns als Unternehmen und Arbeitgeber den Studierenden unbedingt erzählen wollen und als Teil der Vorlesung betrachten.«*

Chancen

- Gastvorlesungen ermöglichen den intensiven Kontakt zu Studierenden und den Austausch mit ihnen über den Verlauf eines gesamten Semesters.

Herausforderungen

- Gastvorlesungen sind relativ zeitintensiv und bedürfen einer entsprechenden Freistellung der verantwortlichen Unternehmensvertreter:innen, die die Gastvorlesungen durchführen, sowie einer intensiven Abstimmung mit der entsprechenden Hochschule.

Fazit

- Gastvorlesungen sind das ideale Instrument, um Studierende mittel- bis langfristig auf sich aufmerksam zu machen, sie kennenzulernen, die Arbeitgebermarke vorzustellen und die Studierenden gegebenenfalls so als Praktikant:innen, Werkstudent:innen bzw. als zukünftige Festangestellte zu gewinnen.

3.3.15   Gastvortrag

Mit Gastvorträgen kann man als Unternehmen relativ schnell und unkompliziert die Aufmerksamkeit von Studierenden für sich gewinnen, da man sich Studierenden unterschiedlicher Studienrichtungen und verschiedener Semester bspw. im Rahmen von Hochschulvorlesungen oder sonstigen -veranstaltungen als potenzieller Arbeitgeber vorstellen kann. Für Studierende relevante Themen sind hierbei u. a. Praktika bzw. Werkstudententätigkeiten sowie Einstiegsmöglichkeiten und Karriereoptionen oder branchenspezifische Themen.

Gastvorträge überzeugen durch Authentizität und Transparenz
Die meisten Studierenden verlangen nach Einblicken in die Praxis sowie nach authentischen Erfahrungsberichten von Unternehmensvertreter:innen aus der Praxis. Sie schätzen »Best Practice«-Beispiele aus der Arbeitswelt sowie Branchen-Insights und Know-how von Expert:innen. Mitreißende, glaubwürdige und verständliche Fallbeispiele, die branchenspezifische bzw. -typische Themen lebendig vermitteln, sind einer der Schlüssel zu Studierenden und Talenten. Die Studierenden sind fasziniert von Profis aus der Praxis, die »aus dem Nähkästchen plaudern«, sind offen für einen Austausch, interessiert am Networking und daher seitens HR-Verantwortlicher im Idealfall letztlich als »Leads« im Rahmen des HR-Recruiting zu betrachten.

Gastvorträge erweitern den Horizont und schaffen einen Mehrwert

Mit Gastvorträgen schaffen arbeitgebende Unternehmen ein erstes Interesse und gegebenenfalls ein weiterführendes Involvement bei Studierenden. Einblicke in die Unternehmenspraxis und -kultur stellen für Studierende einen deutlichen Mehrwert im Rahmen des Studiums, der persönlichen Entwicklung sowie der Horizonterweiterung dar. Im Idealfall zeigen Gastvorträge, dass das an Hochschulen erworbene (theoretische) Wissen für die Praxis relevant ist und dort tatsächlich Bestand hat. Gastvorträge zeigen, wie praxisrelevant Studium und Studieninhalte sind bzw. ergänzen diese entsprechend, präsentieren und positionieren das Unternehmen als attraktiven Arbeitgeber und eröffnen neuartige Perspektiven auf das bislang (an der Hochschule nur) theoretisch Gelernte. Zudem sind sie idealerweise kurzweilig und unterhaltsam bzw. eine willkommene Abwechslung zu den Vorlesungen. So schaffen Gastvorträge Sichtbarkeit, Aufmerksamkeit und Bekanntheit für Unternehmen und Arbeitgeber. Daher sind sie vor allem für Unternehmen von Interesse, die von (zukünftigen) Arbeitnehmer:innen bisher nicht beachtet werden bzw. diesen nicht bekannt sind.

Gastvorträge geben Arbeitgebern und Unternehmen ein Gesicht

Durch Gastvorträge wird man für Studierende als Arbeitgeber(marke) greifbar, fassbar und nahbar. Man sticht als Arbeitgeber aus der für potenzielle Arbeitnehmer:innen teils wenig überschaubaren Masse an Unternehmen endlich hervor. Denn Studierende schenken externen Gastredner:innen ihre Aufmerksamkeit, erinnern sich an sie und so auch an das entsprechende Unternehmen.

Learning

»Welche Praxisthemen, die unsere Kompetenzen widerspiegeln, überzeugen und fesseln Studierende?« stat »Welche Standard-Slides spulen wir im Rahmen eines Gastvortrags für Studierende ab, ganz gleich, um welche Hochschule oder Fachrichtung es sich handelt?!«

Chancen
- Gastvorträge sind der ideale (erste) Kontaktpunkt mit Studierenden, der Sichtbarkeit schafft.

Herausforderungen
- Gastvorträge funktionieren jedoch nur, wenn man den Studierenden glaubhafte, nachvollziehbare sowie tiefergehende Einblicke in das eigene Unternehmen und die Branche gewährt – und wenn entsprechende Unternehmensvertreter:innen kompetent und involviert auftreten.

Fazit
- Der Erfolg von Gastvorträgen steht und fällt mit der Auswahl engagierter Unternehmensvertreter:innen sowie mit der Bestimmung von Themen, die die Erwartungen und Ansprüche der Studierenden treffen.

3.3.16   Hackathons

Innovative Veranstaltungen, die wie Hackathons für das Recruiting konzipiert und genutzt werden, weichen im positiven Sinne von den Standardmaßnahmen im HR-Bereich ab und erfreuen sich so einer großen Beliebtheit bei Talenten.

Hackathons sind innovativ und ungewöhnlich

Ein Hackathon ist eine Veranstaltung, bei der Unternehmen gemeinsam mit Studierenden innovative und kreative Ansätze (ursprünglich für die Entwicklung von neuer Software gedacht) erarbeiten. Studierende aus dem IT- und Programmierbereich und arbeitgebende Unternehmen arbeiten im Team und als Teams an Lösungen für zuvor definierte Probleme in einem klar umrissenen technologiebezogenen Themenbereich (z. B. zu Coding, KI oder Blockchains).

Hackathons wirken kreativ und überraschend

Im Kontext des Campus-Recruiting steht der Hackathon aber vielmehr exemplarisch für die Entwicklung und den Einsatz eigenständiger und neuartiger Events, die das HR-Recruiting von Studierenden und Talenten unterstützen. Da die Talente der Generation Z sich ihrer Position auf dem Arbeitnehmermarkt durchaus bewusst sind und sie zugleich dementsprechend stark von Arbeitgebern umworben werden, ist die Nutzung innovativer Veranstaltungsformate längst nötig, um die Aufmerksamkeit dieser Zielgruppe auf sich zu lenken und sich als potenzieller Arbeitgeber zu präsentieren.

Hackathons vermitteln Verständnis und Interesse

Zugleich stellt man als Urheber und Umsetzer ungewöhnlicher Veranstaltungen sein Zielgruppeninteresse und -verständnis, seine Unternehmenskultur und -identität, seine Innovationskraft und Kreativität sowie idealerweise auch seine für Studierende wichtige Digitalisierungs- und KI-Kompetenz unter Beweis. Das Bewerben dieser innovativen Form von Events sollte selbstverständlich über die entsprechenden PR- und Social-Media-Kanäle erfolgen, jedoch zusätzlich über großformatige Printwerbung wie Plakate und Aushänge an Hochschulen sowie bspw. über City Lights im Umfeld von Hochschulen.

Learning

»Welche Probleme wollen Studierende mit uns als Unternehmen und Arbeitgeber gemeinsam und innovativ angehen?« statt *»Welche Aufgaben wir als Unternehmen und Arbeitgeber Studierenden stellen, die diese zu meistern haben.«*

Chancen

- Mit innovativen Veranstaltungen gelingen der Austausch mit Studierenden, der Imagetransfer vom Event zu Employer Brand und Employer Branding sowie die unique Positionierung als kreativer Innovator.

Herausforderungen

- Die Ansprüche der Studierenden an derartige Veranstaltungen müssen im Vorfeld genau analysiert werden und in die Event-Konzeption einfließen. Die Neuartigkeit und Professionalität solcher Events sind »Musts«, um die Zielgruppe nicht nur zu erreichen, sondern sie vielmehr von sich als Arbeitgeber zu überzeugen.

Fazit

- Hackathons sind das perfekte Beispiel für neuartig gedachte Wege, um mit Talenten in Kontakt zu treten – abseits aller Standardmaßnahmen aus dem HR- und Recruiting-Arsenal.

3.3.17 Hochschulmagazine

Hochschulmagazine wie UNICUM erreichen die Zielgruppe Studierende und Absolvent:innen ohne nennenswerte Streuverluste und mit einer hohen Reichweite. Daher eignen sie sich sowohl in analoger als auch vor allem in digitaler Form hervorragend, um sich Studierenden als Unternehmen und Arbeitgeber vorzustellen.

Inhalte von Hochschulmagazinen richten sich nach den Studierenden
Wichtig dabei ist das Aufgreifen von Content, der für die Studierenden relevant ist, d. h. das Liefern von Inhalten, die den Interessen der Studierenden entsprechen. Nichtssagend-generische Anzeigen, die auf das Unternehmen aufmerksam machen (wollen), oder Interviews mit Unternehmensvertreter:innen, in denen es ausschließlich um die Darstellung des Unternehmens geht, zeitigen wenig Wirkung bei Studierenden. Denn die Talente der Generation Z erwarten von Unternehmen und zukünftigen Arbeitgebern Informationen und Inhalte mit persönlichem Mehrwert. Die Inhalte sollen ihnen Antworten und Lösungen zu Themen bieten, die sie im Rahmen ihres Studiums beschäftigen und begleiten. Für Unternehmen bedeutet das, die Bedürfnisse der Studierenden als Dreh- und Angelpunkt aller Inhalte zu betrachten, die von ihnen in Hochschulmagazinen veröffentlicht werden sollen.

Inhalte von Hochschulmagazinen bieten Antworten und Lösungen für Studierende
Die Darstellung der Unternehmensgeschichte und -erfolge interessiert Studierende nur bedingt, zudem sind solche Informationen meistens auch im Internet bzw. auf der Unternehmenswebsite zu finden. Was Studierende wirklich wissen wollen, sind vielmehr Antworten auf Fragen, die sie bewegen (Wie kann man Studium und Nebenjob meistern? Wie kann man ohne Burn-out Karriere machen? Wie kann man sich bereits auf Junior-Level mit Ansichten und Know-how im Unternehmen einbringen?!), sowie Positionierungen zu Themen, die aktuell Gesellschaft, Wirtschaft und Politik beeinflussen: Nachhaltigkeit und Klimaschutz, Diversität und Inklusion, Chancengleichheit und Geschlechtergerechtigkeit.

Learning
»Welche Lösungen kann ich als Unternehmen und Arbeitgeber Studierenden für Probleme anbieten, die sie bewegen?« statt *»Was Studierende unserer Meinung nach über unser Unternehmen und uns als Arbeitgeber wissen sollten.«*

Chancen
- Hochschulmagazine überzeugen durch eine hohe Reichweite und wenig Streuverluste sowie durch einen hohen Bekanntheitsgrad, sie garantieren als bewährtes und weitverbreitetes Kommunikationsinstrument das Erreichen der Zielgruppe.

Herausforderungen
- Die Beiträge in Hochschulmagazinen müssen an den Interessen der Studierenden ausgerichtet werden; allein Themen, die für Studierende von Bedeutung sind, erlangen Aufmerksamkeit.

Fazit
- Beiträge in Hochschulmagazinen können Studierende erreichen, wenn man als Arbeitgeber Abstand von einer reinen Unternehmensdarstellung nimmt und stattdessen Themen beleuchtet, die Studierenden am Herzen liegen.

3.3.18 Hochschulmessen

Großveranstaltungen wie Hochschulmessen oder Karrieremessen sind eine zwar seit Langem bekannte, dennoch weiterhin relevante Chance, um sich (angehenden) Studierenden zu präsentieren und sich mit ihnen in einem ersten Kontakt auszutauschen.

Hochschulmessen sind unaufwendig und effizient
Für angehende Studierende bieten Hochschulmessen (z. B. vocatium-Veranstaltungen) die Möglichkeit, an nur einem Platz und zu nur einem Termin zahlreiche Kontakte zu möglichen Hochschulen und Arbeitgebern zu knüpfen (z. B. im Rahmen eines berufsbegleitenden oder dualen Studiums), d. h.: relativ wenig Aufwand und maximale Effizienz. Für tatsächlich Studierende haben Karrieremessen (z. B. Veranstaltungen wie Absolventenkongresse, Connecticum oder Karrieretage) genau dieselben Vorteile: Man nimmt sich als Studierende:r maximal einen Tag Zeit, um an einem Ort möglichst viele interessante und relevante Kontakte zu knüpfen, Fragen zu stellen und Gespräche mit möglichen Arbeitgebern zu führen.

Hochschulmessen sind anspruchsvoll und herausfordernd
Um einen erfolgreichen Messeauftritt zu garantieren und möglichst viele qualifizierte HR-Leads zu generieren, sind allerdings sowohl ein Messestand als auch Messepersonal zu empfehlen, die den heutigen Ansprüchen und gehobenen Erwartungen der Studierenden entsprechen. Messestände, die up to date sind, dürfen dabei auf keinen Fall wie althergebrachte Messeauftritte aus

der Zeit der Jahrtausendwende aussehen, d. h. analog, tradiert oder sogar fantasielos. Erweckt ein Messestand den Eindruck, er würde bereits seit Jahren oder Jahrzehnten verwendet und für jeden Anlass aus dem Keller geholt und abgestaubt, ist das ein absolutes No-Go. Berge von Broschüren, Aufstellern, Flyern, Visitenkarten und anderen »analogen Grüßen« aus der Vergangenheit des Recruiting sprechen Studierende nicht an und drücken dabei noch ein Manko an Zeitgeist und digitaler Kompetenz des Unternehmens aus. Vielmehr sollten mittlerweile Instrumente wie QR-Codes oder Augmented-Reality-Instrumente und Virtual-Reality-Brille sowie alle digital- und KI-basierten Kommunikationsmaßnahmen zu der heutigen »Standardausrüstung« auf Hochschulmessen gehören.

Hochschulmessen müssen performen und sich lohnen

Für erfolgreiche Messeauftritte sind nicht nur die dort angebotenen innovativen Kommunikationsinstrumente notwendig; es ist ebenso wichtig, dass die Studierenden einen echten (Informations-)Mehrwert durch den Messebesuch erhalten und das anwesende Messepersonal überzeugend auftritt. Studierende, die sich dazu entscheiden, eine Hochschulmesse zu besuchen, wollen, dass sich dieses Investment von u. a. Zeit und Geld für sie auszahlt. Lohnenswert ist ein Messebesuch für Studierende nur, wenn alle Informationen über das Unternehmen und der Austausch mit den Unternehmensvertreter:innen ein deutliches Bild vermitteln und auch hinterlassen. Wenn Studierende den Eindruck haben, auf Hochschulmessen nur Informationen zu erhalten, die sie auf der Unternehmenswebsite oder durch eine Google-Recherche hätten bekommen können, reagieren sie »verschnupft«, reaktant bzw. ablehnend.

Hochschulmessen sind partnerschaftliche Veranstaltungen

Im Vorfeld einer Messe sollten Unternehmen daher exakt Inhalte und Informationen bestimmen, die mehr bieten als generische Informationen über das Unternehmen und den Arbeitgeber und die die Arbeitgebermarke möglichst attraktiv und nahbar vermitteln. Mindestens ebenso wichtig ist aber auch die Auswahl eines Messepersonalteams, das aufgeschlossen, eloquent und zugänglich ist, auf die Studierenden zugeht und proaktiv den Kontakt zu ihnen sucht. Viel zu häufig ist Messepersonal auf Hochschulmessen zu sehen, das desinteressiert scheint bzw. ist, nur reagiert statt (proaktiv) agiert, nicht von sich aus auf die Messebesucher:innen, d. h. die Studierenden, zugeht und dann auch noch »von oben herab«, statt kollegial-partnerschaftlich auf Augenhöhe, mit ihnen spricht. Studierende realisieren sehr schnell, wenn man ihnen generisch-nichtssagende Informationen auf Messen liefert bzw. sie mit inkompetentem, unprofessionellem und/oder gleichgültigem Messepersonal anzuwerben versucht. Sie zeigen dabei »null Toleranz« gegenüber derart unambitioniert auftretenden Unternehmen und geben solchen Arbeitgebern nicht nur keine zweite Chance, sondern verbreiten ebendiese Erfahrung zudem schnell in ihrem persönlichen Netzwerk bzw. via Social Media.

Learning
»Welche Antworten kann ich als Unternehmen und Arbeitgeber den Talenten und Studierenden auf ihre individuellen Fragen geben?« statt »Kommt an unserem Messestand vorbei – wir verweisen dann auf unsere Website und auf unser Karriereportal.«

Chancen

- Hochschulmessen sind bei Unternehmen und Studierenden bekannt, für Unternehmen und Arbeitgeber gut planbar sowie auch bei Studierenden (noch) relativ beliebt.

Herausforderungen

- Die Ansprüche und Erwartungen bezüglich eines Hochschulmessebesuches und -auftritts seitens der Talente sind mittlerweile stark gestiegen. Daher hat auch der Aufwand eines erfolgreichen Messeauftritts deutlich zugenommen. UND: Angesichts des Arbeitgebermarktes und Fachkräftemangels haben es die Fach- und Führungskräfte der Zukunft schlichtweg nicht mehr nötig, eine Messe zu besuchen – die Recruiter:innen stehen ohnehin bei ihnen Schlange, Absolvent:innen haben bezüglich der Wahl eines Arbeitgebers heutzutage bereits vor Ende des Studiums die Qual der Wahl.

Fazit

- Hochschulmessen lohnen sich für Unternehmen nur, wenn sie strategisch geplant und der Anspruchshaltung der Studierenden entsprechend gestaltet werden, zudem möglichst innovativ und digital sind sowie durch ein motiviertes Standteam überzeugen.

3.3.19   Karrieretage

Die Suche und Identifikation von Talenten, Praktikant:innen, Werkstudent:innen und Absolvent:innen wird durch Career Days oder auch Campus-Recruiting-Days unterstützt und erleichtert. Als Alternative zu den eher anonymen Großveranstaltungen der klassischen Karrieremessen bewegt man sich als Arbeitgeber hier in einem deutlich intimeren und überschaubareren Rahmen.

Karrieretage sind Netzwerkplattformen zum Austauschen

So bieten die von Hochschulen organisierten Karrieretage die ideale Plattform, um sich als Unternehmen den Studierenden face-to-face und auf Augenhöhe zu präsentieren. Im Rahmen dieser Netzwerkveranstaltungen können Unternehmen ihre Arbeitgebermarke vorstellen, mit Studierenden in den direkten Austausch gehen sowie diese über Einstiegsmöglichkeiten und Karrierechancen informieren.

Karrieretage sind Kontaktbörsen zum Kennenlernen

Direkt am Campus bietet sich so eine weitere Gelegenheit, auf zukünftige, qualifizierte Mitarbeiter:innen proaktiv zuzugehen. Durch die Präsenz an der Hochschule erhöhen sich die Chancen, qualifizierte Hochschulabsolvent:innen auf sich aufmerksam zu machen, mit ihnen ins Gespräch zu kommen und sie zu rekrutieren.

Zudem stehen im Rahmen dieser hochschulinternen Veranstaltungen die folgenden Elemente und Inhalte auf der Agenda:

Career-Day-Interviews – Gespräche mit Studierenden
Studierende haben die Möglichkeit, sich bereits vor der Veranstaltung für ein Interview mit potenziellen Arbeitgebern zu bewerben. Arbeitgeber können so schon während des Studiums mit Talenten nicht nur ins Gespräch, sondern sogar in einen intensiveren Austausch kommen. Themen, die das Interesse der Studierenden im Gespräch mit einem potenziellen Arbeitgeber wecken oder aufrechterhalten, sind bspw. Informationen zu Thesis-Betreuung, Praktika oder auch Werkstudententätigkeiten.

Career-Day-Speeddating – kurzes Kennenlernen mit Studierenden
Eine Alternative zu klassischen Interviews bietet das Speeddating. Hier treffen sich Unternehmensvertreter:innen und Studierende für maximal 5 Minuten zu einem ersten Kennenlernen. Danach entscheiden beide Parteien, ob es zu einem zweiten (ausführlicheren und intensiveren) (Bewerbungs-)Gespräch kommt oder nicht. Die Herausforderung des Speeddatings liegt hierbei im Zeitdruck, da beide Parteien nur innerhalb eines äußerst begrenzten Zeitraums die Möglichkeit haben, Interesse für sich zu wecken, Sympathie für sich aufzubauen, relevante Fragen zu stellen und bemerkenswerte Antworten zu geben.

Career-Day-Messestand – Präsenz für Studierende
Wie auf den klassischen Karrieremessen können Arbeitgeber sich selbstverständlich auch auf den Karrieretagen von Hochschulen mit einem Messestand präsentieren. Die Studierenden verlangen auf diesen Karrieretagen allerdings Stände, die möglichst innovativ gestaltet sind sowie durch digitale Elemente unterstützt werden. Zudem erwarten sie konkrete Informationen über Vakanzen sowie Karrierechancen, die ihnen von einem kompetenten und geschulten Messestandteam vermittelt werden.

Career-Day-Podiumsdiskussion – diskutieren mit Studierenden
Podiumsdiskussionen bieten Arbeitgebern die Möglichkeit, sich der Zielgruppe der Studierenden als kompetente Partner vorzustellen. Vor allem aber eignen sie sich zunehmend zum Transportieren von Ansichten und Werten sowie in Ansätzen auch zum Vermitteln der eigenen Unternehmenskultur. Diskussionsplattformen und -foren sind ideal, um sich anhand der im Rahmen der Diskussion vermittelten Ansichten als relevante Arbeitgebermarke zu präsentieren. Dabei geht es inhaltlich um zuvor mit den Moderator:innen und der Hochschule abgestimmte Diskussionsthemen und -fragen, teils jedoch auch um spontane und häufig durchaus kritische Fragen der Studierenden, denen sich die Teilnehmer:innen dieser Diskussionsrunden zu stellen haben. Dies entpuppt sich oft als Herausforderung, ist zugleich aber auch eine Chance, Glaubwürdigkeit und Relevanz der jeweiligen Arbeitnehmermarke darzulegen.

Career Day Slam – Eloquenz für Studierende
Bei einem sog. Arbeitgeber-Slam haben Vertreter:innen von Unternehmen und Arbeitgebern die Gelegenheit, sich zu einem vorab definierten Thema zu äußern und sich als Arbeitgebermarke darzustellen. Innerhalb eines strikt begrenzten Zeitraums nutzen Arbeitgebervertreter:innen die von der Hochschule und den Studierenden gebotene Bühne – und hier sollten

bzw. müssen sie »performen«. Denn nur Unternehmensvertreter:innen, die überdurchschnittlich schlagfertig, glaubwürdig und authentisch auftreten, gewinnen die Aufmerksamkeit der Talente und gelangen so in deren »Relevant Set«.

Learning
»Welche Unternehmensvertreter:innen transportieren unsere Arbeitgebermarke an Hochschulen am besten? Welche Kompetenzen muss unser Team für ein derartiges Engagement mitbringen, um vor den Studierenden zu bestehen?« statt *»Wer von unserer Belegschaft hat gerade Zeit, um sich auf den Messestand an der Hochschule hinzustellen und gegebenenfalls Fragen von Studierenden zu beantworten?!«*

Chancen
- Ein authentischer und engagierter Auftritt von Unternehmensvertreter:innen ist die Eintrittskarte in die Welt der Talente von morgen.

Herausforderungen
- Die Identifikation der geeigneten Mitarbeiter:innen, die das Unternehmen vertreten und zudem proaktiv den Austausch mit Studierenden suchen, ist dabei entscheidend.

Fazit
- Karrieretage sind relativ aufwendig hinsichtlich Vorarbeit und Konzeption, aber zugleich bei einer professionellen Herangehensweise und Umsetzung eins der erfolgversprechendsten Instrumente beim Campus-Recruiting.

3.3.20 Kongresse

Veranstaltungen wie Kongresse, Summits oder Symposien sind ebenfalls geeignet, um mit Studierenden in Kontakt zu kommen. Derartige Events sind zwar primär auf verschiedene Management-Level, d.h. auf eine »professionellere« und seniorigere Zielgruppe, ausgerichtet, trotzdem werden sie zunehmend von engagierten und interessierten Studierenden besucht, die ihren Horizont erweitern sowie Kontakte zu vielversprechenden potenziellen Arbeitgebern bzw. Netzwerkpartnern knüpfen wollen.

Kongresse sind nicht nur für »alte Hasen«
Branchenspezifische Veranstaltungen, die ursprünglich für das Management und Co. ausgerichtet und konzipiert wurden, werden mittlerweile von Studierenden teils rege besucht oder aber zumindest interessiert verfolgt. Der Auftritt und die Präsenz auf solchen Veranstaltungen gehören zu den ernst zu nehmenden Darstellungen des Unternehmens und der Arbeitgebermarke gegenüber den Zielgruppen Kund:innen, Mitarbeiter:innen, Wettbewerber und nunmehr auch gegenüber Talenten.

Kongresse erschließen sogar »junge Talente«

Wichtig ist daher eine strategische Herangehensweise im Vorfeld von Kongressen, um zum einen Fachveranstaltungen bei Studierenden bekannt zu machen und zum anderen Instrumente zu entwickeln, um auf diesen Veranstaltungen mit Studierenden in Kontakt zu treten.

Learning
»Wie können wir die für uns relevanten Kongresse bei Studierenden bekannt machen und uns auf diesen Kongressen mit Studierenden vernetzen?« statt *»Auf Kongressen trifft sich ausschließlich das Who's who der Szene!«*

Chancen
- Auf Kongressen besteht die Möglichkeit, überdurchschnittlich stark engagierte Studierende zu treffen.

Herausforderungen
- Das Identifizieren von Talenten und der Aufbau eines Kontaktes bzw. der Austausch mit derart interessierten Studierenden muss im Vorfeld solcher Veranstaltungen durch das HR-Team geplant werden.

Fazit
- Auf Fachkongressen trifft man als Arbeitgeber zwar nur wenige, dafür aber besonders interessierte und engagierte Studierende, die bereits früh ihren Horizont, ihr Fachwissen und auch ihr Netzwerk erweitern wollen.

3.3.21 Meet the Board

Mittels »Meet the Board«-Veranstaltungen gelingt es Unternehmen, sich gegenüber Studierenden nahbar und zugänglich zu zeigen. Das Treffen und der Austausch mit Unternehmensvertreter:innen des Top-Levels und -Managements wirken im Rahmen einer Campus-Recruiting-Strategie, da hierdurch das Interesse an Studierenden sowie das Involvement für Studierende seitens der Unternehmen deutlich wird.

»Meet the Board«-Events sind das Bindeglied von jungen und alten Talenten

Im Rahmen eines »Meet the Board« treffen Youngster auf Seniors und die Talente auf das Management. Dabei stellt sich das Management-Board den Fragen von Studierenden und steht Rede und Antwort zu allem, was für die Talente der Zukunft von Interesse ist. Durch diesen Austausch und die Diskussion bleibt den Studierenden ein prägnantes Bild des Unternehmens im Kopf, das wiederum die Jobsuche und die Entscheidung für einen bestimmten Arbeitgeber maßgeblich beeinflusst.

»Meet the Board«-Events wirken beim Einzelnen und im Netzwerk

Zudem ist beim »Meet the Board« der Vervielfältigungs- und Weiterempfehlungsaspekt sehr stark: Denn wenn sich das Management die Zeit nimmt, um Studierende nicht nur kennenzulernen, sondern ihnen Frage und Antwort zu stehen, macht das schlichtweg Eindruck auf die Studierenden. Dieser absolut positive Eindruck bleibt bei Studierenden langfristig haften, wird gerne im Bekanntenkreis weitererzählt und zudem häufig über die Sozialen Medien geteilt.

Learning

»Welche relevanten Themen können, wollen und müssen wir als Unternehmen gegenüber den Studierenden offen und ehrlich kommunizieren?« statt »Wie können wir ein eher leidenschaftsloses ›Meet and Greet‹ mit Studierenden möglichst wirksam in den Sozialen Medien zeigen?!«

Chancen

- Dank »Meet the Board«-Events hinterlässt man als Arbeitgeber einen nachhaltigen Eindruck bei Studierenden, den diese gerne in ihrem Netzwerk weiterverbreiten.

Herausforderungen

- »Meet the Board«-Events wirken nur, wenn die Unternehmensvertreter:innen ernsthaft an einem partnerschaftlichen Austausch mit den Studierenden interessiert sind, offen auf diese zugehen, authentisch und glaubwürdig auftreten sowie wenn diese Events von den unternehmenseigenen HR-, PR- und Unternehmenskommunikationsteams als Social Media Content genutzt werden.

Fazit

- Der Erfolg eines »Meet the Board«-Events steht und fällt mit der Ernsthaftigkeit und dem Engagement, mit dem das Unternehmen diese Veranstaltung plant und Unternehmensvertreter:innen sie angehen und umsetzen.

3.3.22   Mensa

Die Mensa und die Cafeteria von Hochschulen sind der Treffpunkt und Aufenthaltsort von Studierenden. Dort präsent zu sein, verspricht demnach nahezu keine Streuverluste, sondern vielmehr eine direkte und erfolgversprechende Ansprache der Studierenden, da sich überdurchschnittlich viele von ihnen dort überdurchschnittlich lange aufhalten. Zwei Arten der Nutzung von Mensa und Cafeteria als Campus-Recruiting-Instrumente bieten sich für Unternehmen und Arbeitgeber an:

Mensa als traditionelle Kommunikationsplattform

Jegliche Kommunikation an und über die Mensa bzw. Cafeteria ist äußerst sinnvoll. Alles, was arbeitgebende Unternehmen über sich und von sich berichten wollen, sollte deshalb in entsprechender Form (insbesondere über Aushänge, Broschüren, Flyer und gegebenenfalls mittels digitaler Formate) auch an diesen Treff- und Aufenthaltsorten kommunikativ verbreitet werden.

Mensa als offensichtliche Sponsoring-Möglichkeit

Gleichzeitig bieten Mensa und Cafeteria die Möglichkeit des Sponsorings. Die finanzielle Förderung der Aufenthaltsorte von Studierenden kann deren Aufmerksamkeit direkt auf den spendablen potenziellen Arbeitgeber lenken. Dabei muss allerdings beachtet werden, dass die Studierenden nicht unbedingt den Geldgeber an sich aufgrund des Sponsorings schätzen und ihm ihre Aufmerksamkeit schenken, weil dieser bspw. Mobiliar, Salat- oder Smoothie-Bar, vegane oder vegetarische Angebote o. Ä. sponsort – das ist für die Studierenden eher zweitrangig, da sie davon ausgehen, dass entweder die Hochschule oder dieser oder jener Sponsor für die Ausstattung der Mensa und Cafeteria aufkommen wird.

Mensa-Sponsoring muss »laut« und deutlich sein

Vielmehr gewinnt man die Aufmerksamkeit der Studierenden vor allem durch eine möglichst wenig subtile Präsentation und öffentliche Darstellung als sponsorendes Unternehmen – im Sinne von »Tue Gutes und sprich darüber«. Wer sponsort, sollte daher nicht leise oder bescheiden mit diesem Engagement umgehen, sondern sich möglichst lautstark und öffentlich dazu äußern, um bei den Studierenden Gehör zu finden.

Mensa-Sponsoring muss die Wünsche der Studierenden erfüllen

Das Sponsoring von Mensa bzw. Cafeteria ist im Rahmen einer Campus-Recruiting-Strategie allerdings nur erfolgreich, wenn es aus der Perspektive der Studierenden heraus konzipiert wird. Wenn Unternehmen allein die Hochschule als Zielgruppe sehen und ausschließlich deren Bedürfnisse erfüllen möchten, werden sie zwar die Hochschule für sich gewinnen – die Studierenden werden dabei aber oft außer Acht gelassen. Viel wichtiger jedoch bzw. ausschließlich maßgeblich ist es, die Wünsche der Studierenden zu erfüllen – zu wissen, wie sie sich die »ideale« Mensa vorstellen, und diese dementsprechend auszustatten.

Learning

»Wie können wir den Studierenden vermitteln, dass wir die überdurchschnittlich gute und ihren Wünschen entsprechende Ausstattung ihrer Lieblingsorte an der Hochschule ermöglicht haben?« statt »Was braucht die Hochschule und wie können wir sie bezüglich der Ausstattung unterstützen?!«

Chancen

- Ein offensives und den Wünschen der Studierenden entsprechendes Sponsoring von Mensa oder Cafeteria schafft Aufmerksamkeit und Bewusstsein für potenzielle Arbeitgeber.

Herausforderungen

- Das Sponsoring muss den Erwartungen der Studierenden und nicht denen der Hochschule entsprechen sowie deutlich nach außen kommuniziert werden.

Fazit

- Mensa und Cafeteria von Hochschulen sind der ideale Ort und Kanal, um kommunikativ an die Zielgruppe der Studierenden mit konkreten HR-Angeboten und spezifischen HR-Botschaften heranzutreten bzw. um ein Sponsoring der Ausstattung dieser Örtlichkeiten für die Steigerung der Aufmerksamkeit der eigenen Arbeitgebermarke zu nutzen.

3.3.23   Mentoring

Viele Studierende schätzen den Austausch und die Unterstützung von Expert:innen und Profis aus der Praxis. Daher ist das Angebot von Mentoring-Programmen ein mehr als probates Mittel, um Studierende als zukünftige Arbeitskräfte für sich zu gewinnen.

Gastvortrag als Zugang zu Studierenden
Besonders leicht fällt hierbei der Zugang über einen Gastvortrag, eine Gastvorlesung oder Gastdozentur, d.h. wenn es bereits einen ersten oder sogar mehrere Anknüpfungspunkte zu Studierenden gibt bzw. gab. So können im Rahmen von einer oder mehreren Vorlesungen bzw. Events Kontakte zu talentierten und vielversprechenden Studierenden geknüpft werden, denen im Anschluss ein Mentoring angeboten wird.

Hochschulen als Zugang zu Studierenden
Alternativ können Unternehmen auch ohne vorherige Kontakte an Hochschulen, Hochschulgruppen bzw. -akteur:innen herantreten, um Studierenden ein Mentoring-Programm anzubieten. Hierbei wählen Unternehmensvertreter:innen, Hochschule und Studierende nach selbstbestimmten Kriterien die jeweils für sich passenden Partner:innen als Mentor:in und Mentee aus. Die Bestimmung von Mentor:in und Mentee ist dabei immer eine gleichberechtigte Entscheidung füreinander, beide Seiten können gegebenenfalls auch ein:en vorgeschlagen:en Mentor:in bzw. eine:n empfohlene:n Mentee ablehnen.

Themen der Mentor:in-Mentee-Beziehung
Der Mentor bzw. die Mentorin steht dem bzw. der Mentee grundsätzlich bei Fragen zu Weiterbildung und -entwicklung, zu Karriere und Schwerpunkten sowie gegebenenfalls auch bei beruflichen Herausforderungen und Problemen zur Seite und berät ihn bzw. sie bei Entscheidungen, um den jeweiligen Werdegang im positiven Sinne mitzugestalten und zu beeinflussen.

Ablauf der Mentor:in-Mentee-Beziehung

Die Betreuungsquantität und -qualität hängt dabei von der individuellen Absprache zwischen Mentor:in und Mentee ab – es sollte allein ihnen obliegen, wo und wie häufig sie sich analog oder digital treffen und zu welchen Themen sie sich austauschen, idealerweise ohne Einmischung oder Mitsprache des Unternehmens. Mentoring-Programme, die strikt nach den Vorstellungen und Vorgaben von Unternehmen ablaufen und dabei die Ansprüche und Erwartungen der Mentees außer Acht lassen, sind nicht mehr zeitgemäß. Die Programme von heute sind nur bedingt skalierbar, sondern gehen mehr und mehr individuell auf die Bedürfnisse der Studierenden ein.

Mentor:in-Mentee-Beziehung als Social Media Content

Nichtsdestotrotz sollte eine »erfolgreiche« Mentor:in-Mentee-Beziehung, die für beide Akteur:innen einen Mehrwert darstellt, selbstverständlich von beiden als »Best Practice« in den Sozialen Medien geteilt werden. Das Teilen des Verlaufs und der Resultate durch den oder die Mentee im eigenen Netzwerk steigert dabei die Bekanntheit und das Image des hinter dem Mentor bzw. der Mentorin stehenden Unternehmens bei der Zielgruppe der Studierenden und Absolvent:innen, das Teilen durch den Mentor oder die Mentorin hingegen unterstützt den Aufbau einer starken Arbeitgebermarke in Business-Netzwerken wie LinkedIn.

Learning

»Wie können unsere Mentor:innen vielversprechende Talente für sich als Mentees und so auch für uns als Arbeitgeber gewinnen?« statt »Welche Mentees suchen wir uns nach unternehmensspezifischen Gesichtspunkten aus?!«

Chancen

- Mentoring-Programme schaffen Nähe und Bindung zu einer ausgewählten Gruppe von Studierenden.

Herausforderungen

- Mentoring-Programme erfordern Ausdauer und Engagement, sie bewähren sich nur bei einem ernst gemeinten und langfristigen Involvement aller Akteur:innen.

Fazit

- Als perspektivisches Recruiting-Instrument gelingt es Unternehmen mittels eines Mentoring-Engagements, Studierende an sich zu binden und nachhaltig die Arbeitgebermarke zu stärken.

3.3.24 Mini-Events

Eine effektive Methode, um den Kontakt zu Talenten aufzubauen und aufrechtzuerhalten, besteht darin, regelmäßig kleinere Veranstaltungen am Campus von Hochschulen zu organisieren. Statt ressourcenintensiver und aufwendiger Großveranstaltungen bieten sich hierbei bspw. monatliche Gruppen-Chats mit Studierenden und Unternehmensvertreter:innen an oder auch eher zwanglose bis unkonventionelle Q&A-Come-Together- bzw. One2One-Meetings mit dem Talent-Management oder dem HR-Team in der Campus-Lounge oder Cafeteria. Diese informellen Treffen sind für Arbeitgeber kostengünstig und kurzfristig umsetzbar; sie ermöglichen es Unternehmen, eine kontinuierliche Präsenz am Campus zu zeigen und bei den Studierenden ins »Relevant Set« zu gelangen (Half 2022).

Learning
»Wie können wir kurzfristig und regelmäßig über das Jahr verteilt mit Studierenden in Kontakt kommen?« statt »Wie schaffen wir es, einmal im Jahr mit einer großen Veranstaltung die Studierenden zu beeindrucken?!«

Chancen
* Mini-Events verlangen wenig(er) Zeit und Vorbereitung als Großveranstaltungen, sind schnell umsetzbar und schaffen einen direkten sowie regelmäßigen Zugang zu Studierenden.

Herausforderungen
* Mini-Events scheitern häufig an den langfristigen und langwierigen Planungsphasen der Hochschulpartner, die nur bedingt agil agieren können (bzw. wollen).

Fazit
* Das erfolgreiche und kurzfristige Planen und Umsetzen von Mini-Events gelingt am ehesten in Absprache und Zusammenarbeit mit Hochschulakteur:innen und Dozent:innen, die im Rahmen von bspw. Vorlesungen diese Events ermöglichen.

3.3.25   Praktikant:innen

Eine der vielversprechendsten Möglichkeiten zum intensive(re)n Kennenlernen von Studierenden ist ein Praktikum. Das Anbieten von Praktika ist die ideale Gelegenheit, um sich der Studierendenzielgruppe nicht nur als Unternehmen, sondern vor allem als Arbeitgeber(marke) bekannt(er) zu machen und zugleich die Passung der entsprechenden Kandidat:innen zu hinterfragen.

Praktika als Einflugschneise in Unternehmen
Praktika bieten den Studierenden Einblicke in die jeweilige Branche, generell in die Arbeitswelt und speziell in die jeweilige Unternehmenskultur, während Unternehmen bereits durch das Anbieten von Praktika Feedback in Bezug auf die eigene Attraktivität als Arbeitgeber erhalten. Wenn Praktikant:innen je nach Bedarf des Unternehmens sowie nach ihrem individuellen Interesse unterschiedlichste Projekte begleiten, ist ein erfolgreich absolviertes und für die Studierenden interessantes Praktikum ein Garant dafür, dass das Unternehmen …

- als potenzieller Arbeitgeber in den Sozialen Medien und Netzwerken der Studierenden erwähnt bzw. sogar weiterempfohlen wird sowie in das »Relevant Set« von möglichen Arbeitgebern aufsteigt
  UND
- die exzellenten und zum Unternehmen besonders passenden Talente identifizieren, fördern und binden kann.

Praktika-»Next Steps« – was kommt nach dem Praktikum?
Im Anschluss an ein Praktikum sollte den besten Praktikant:innen als Next Step unbedingt eine Tätigkeit als Werkstudent:in angeboten werden, um die im Rahmen des Praktikums aufgebaute Beziehung zu den Studierenden auszubauen, zu intensivieren und zu festigen. Auch die Beschäftigung als Freelancer:in ist eine Option, die für manche Studierende interessant und lukrativ sein kann und es den Unternehmen ermöglicht, den Kontakt zu Talenten aufrechtzuerhalten.

Praktika-»Musts« – was ein Praktikum bieten muss
Ein Praktikum, das die Erwartungen der Studierenden von heute erfüllt, ist inhaltlich jedoch unbedingt nach deren Ansprüchen zu gestalten. Die Zeiten des Kaffeekochens, Kopierens und Co. sind für Praktikant:innen lange vorbei. Die Praktikant:innen von heute wollen möglichst …

- Insights, d. h. viele Einblicke in unterschiedliche Bereiche des Unternehmens gewinnen,
- Teams, d. h. verschiedene Kolleg:innen und Hierarchien des Unternehmens kennenlernen,
- Verantwortung, d. h. möglichst früh und selbstständig eigene (Teil-)Projekte übernehmen,
  UND
- Spaß, d. h. gleichzeitig Freude und Erfüllung an der Tätigkeit haben.

Learning
»Was müssen wir Studierenden im Rahmen eines Praktikums bieten, um uns mittelfristig als attraktiver Arbeitgeber der Zukunft zu präsentieren?« statt »Welche Aufgaben können Studierende als Praktikant:innen übernehmen, die ansonsten bei uns liegen bleiben würden, weil sich niemand darum kümmert?!«

Chancen
- Praktika ermöglichen ein intensives gegenseitiges Kennenlernen von Arbeitgebern und Studierenden, das Identifizieren von Talenten und die Positionierung als attraktive(r) Arbeitgeber(marke).

Herausforderungen
- Praktika müssen den Anforderungen und Erwartungen der Generation Z hinsichtlich u. a. Verantwortung und Vielfalt sowie Erkenntnisgewinn und Horizonterweiterung entsprechen.

Fazit

* Praktika sind als »Einflugschneise« zum Rekrutieren von Talenten im Rahmen der HR-Strategie zu betrachten, mit dem Follow-up einer Werkstudententätigkeit und dem Ziel einer daran anschließenden Festanstellung.

3.3.26   Recruitainment

Recruitainment hat sich als attraktives und modernes Instrument im Rahmen des Recruiting von High Potentials etabliert, bei dem Unternehmen spielerische Entertainment-Elemente nutzen, um Talente auf eine überraschende Art und Weise anzusprechen. Durch verschiedene Komponenten ermöglicht Recruitainment zudem eine effektive Bewertung der Eignung von Bewerber:innen. Denn dieser HR-Ansatz besteht aus mehreren Schritten – bspw. einem Wissenstest, einem Game-Based Assessment Center mit jobspezifischen Aufgaben, einer Selbstbeurteilung und einem E-Assessment –, zusätzlich können je nach Vakanz ein Persönlichkeitstest und eine Fallstudie integriert werden.

Recruitainment schafft spielerisch Involvement
Recruitainment verwendet spielerische und digitale Elemente, um Arbeitgeber und Studierende zusammenzubringen. Es bietet potenziellen Mitarbeiter:innen einen authentischen Einblick in die Unternehmenskultur, während Personalverantwortliche die Möglichkeit haben, ein umfassendes Bild von der Persönlichkeit, den Fähigkeiten und Qualifikationen der Bewerber:innen zu bekommen. Um ein passendes Mitarbeiterprofil zu erhalten, können verschiedene Maßnahmen zum Einsatz kommen:

* **Bewerbervorauswahl**
  Recruitainment ermöglicht eine Vorauswahl der Bewerber:innen; nur diejenigen, die in diesem HR-Spiel überzeugen, werden zu einem Vorstellungsgespräch eingeladen. Dabei werden berufsspezifische Aufgaben gewählt, die direkte Rückschlüsse auf die Eignung und Fähigkeiten der Kandidat:innen zulassen.
* **Berufsorientierungsspiele**
  Recruitainment bietet Nachwuchstalenten spielerische Einblicke in das Unternehmen. Sie können die Unternehmenskultur, verschiedene Teams und den Arbeitsalltag kennenlernen, indem sie in verschiedene Jobrollen schlüpfen.
* **Unternehmenspräsentation**
  Recruitainment ermöglicht es Arbeitgebern, das Unternehmen, seine Arbeitsweise und seine Kultur zu präsentieren. Potenzielle Mitarbeiter:innen können das Unternehmen kennenlernen und sich interaktiv mit dem Employer Branding und Employee Engagement auseinandersetzen.
* **Eignungsdiagnostik**
  Recruitainment dient zudem als eignungsdiagnostisches Tool. Bewerber:innen können im spielerischen Sinne Aufgaben lösen, wobei das Spielverhalten und der Erfolg klare Indikatoren für Fähigkeiten, Soft Skills und Kenntnisse der Kandidat:innen sind.

Recruitainment ist ernst und macht Spaß

Ein wichtiger Aspekt des Recruitainment ist der »Spaßfaktor«: Wenn Kandidat:innen Freude an den Recruitainment-Aufgaben haben, sind sie meistens motivierter und aufmerksamer, entspannter und konzentrierter. Darüber hinaus ermutigen originelle Recruitainment-Angebote zum Teilen und Kommentieren in den Sozialen Medien und Netzwerken.

Recruitainment hat viele Facetten

Es gibt nahezu unendlich viele kreative Möglichkeiten, Recruitainment-Maßnahmen zu gestalten: Ein Computerspiel kann bspw. eine interaktive Reise durch das Unternehmen beinhalten, dabei treten Mitarbeiter:innen als digitale Charaktere (Avatare) auf und führen die Teilnehmer:innen durch verschiedene Bereiche des Unternehmens. Die Teilnehmer:innen können an verschiedenen Stationen Aufgaben lösen, während kurze Videos, Interviews mit Mitarbeiter:innen sowie Audio-, Foto- und Textmaterial diese Tour unterhaltsam auflockern. Wichtig ist das aktive Einbinden der Kandidat:innen, sodass diese auch Informationen über sich preisgeben, anhand derer sie seitens des Unternehmens eingeschätzt werden können. Das Hauptziel von Recruitainment ist das Erlebbarmachen des Unternehmens und der vorherrschenden Unternehmenskultur. Je nach Unternehmenskultur und -kompetenzen können bspw. auch Augmented Reality, Virtual Reality, Mixed Reality oder eine reale Tour durch das Unternehmen eingesetzt werden. Eine Offline-Variante von Recruitainment sind z. B. Live Escape Games, bei denen Bewerber:innen in Gruppen in Escape Rooms eingesperrt werden und innerhalb eines Zeitlimits Aufgaben lösen müssen, um rechtzeitig aus dem Raum zu entkommen. Solche Aufgaben eignen sich dazu, Soft Skills, analytische Fähigkeiten, das Arbeitsverhalten und den Teamgeist der Bewerber:innen einzuschätzen.

Recruitainment ersetzt traditionelle HR-Instrumente

Trotz des spielerischen Charakters von Recruitainment darf die Ernsthaftigkeit dahinter nicht vergessen werden. Unternehmen, die auf diese Methode setzen, verzichten häufig auf klassische Auswahlverfahren und laden Teilnehmer:innen, die überzeugend waren, direkt zu einem persönlichen Bewerbungsgespräch ein (Lehrle 2023).

Learning

»Wie können wir den Austausch mit Studierenden und die Auswahl von Studierenden möglichst kurzweilig gestalten?« statt »Welche konventionellen Methoden, die wir bereits seit Jahren nutzen, dienen der Analyse der Eignung von Bewerber:innen und Kandidat:innen?!«

Chancen

- Ein erfolgreiches Abschneiden in einem Recruitainment Assessment bringt Bewerber:innen dem Unternehmen und Arbeitgeber sowie den Vakanzen einen großen Schritt näher.

Herausforderungen
- Die Planung und Umsetzung von Recruitainment-Maßnahmen erfordern erhebliche Investitionen und Ressourcen von Unternehmensseite.

Fazit
- Recruitainment bietet vielfältige Möglichkeiten für Talente und Arbeitgeber: Teilnehmer:innen haben die Chance, sich für den Job zu qualifizieren und gleichzeitig viele Eindrücke vom Unternehmen zu gewinnen. HR-Recruiter:innen können zugleich prüfen, ob Bewerber:innen tatsächlich zur Unternehmenskultur passen.

3.3.27   Social Media & Networks

Campus-Recruiting kann angesichts der aus der Generation Z stammenden Zielgruppe selbstverständlich nicht ohne Social-Media-Kommunikation funktionieren. Denn die Ansprache von Studierenden und das Für-sich-Werben seitens arbeitgebender Unternehmen ist auf die beliebtesten Kommunikationskanäle der Generation Z angewiesen. Arbeitgeber müssen daher vor allem Kompetenzen hinsichtlich der Kanäle Instagram, YouTube, TikTok, WhatsApp und LinkedIn aufbauen – und genau auf diesen Kanälen »performen«.

Soziale Kommunikationskanäle sind spezifisch
Alle diese Kanäle sind unverzichtbar, um Talente zu erreichen. Aber all diese Kanäle sind eben auch sehr unterschiedlich, was ihre Schwerpunkte, Nutzung, Vor- und Nachteile angeht. Der Aufbau von Know-how und Kompetenzen, wie und wann welcher Kanal am sinnvollsten ist, um die maximale Wirkung bei Studierenden zu erzielen, muss daher im Rahmen eines erfolgreichen Campus-Recruiting priorisiert werden.

Soziale Kommunikationskanäle, die dem Entertainment dienen
Vor allem TikTok hat bei der Generation Z in der letzten Zeit an Bedeutung gewonnen, sodass es auch als Kanal für Recruiting und Employer Branding immer wichtiger wird. Da aber gerade TikTok äußerst spezifische Eigenheiten hinsichtlich passender und erfolgreicher Beiträge aufweist, sind hier sowohl Fingerspitzengefühl als auch Empathie und Verständnis für die Erwartungen der Studierenden erforderlich. Denn das Potenzial von Recruiting- und Employer-Branding-Kampagnen auf TikTok, die »zum Fremdschämen« sind, ist mittlerweile sehr hoch. Die entsprechenden »Worst Practice«-Beispiele zu TikTok-Inhalten und -Kampagnen, mit denen man Mitarbeiter:innen der Generation Z gewinnen wollte, jedoch den passenden Ton nicht traf, erscheinen schier unendlich.

Soziale Kommunikationskanäle, die dem Netzwerken dienen
Als Gegenpol zum Entertainment-Kanal TikTok hat zugleich die Bedeutung des Business-Netzwerks LinkedIn bei den Studierenden zugenommen. Hier können und sollten sich Unternehmen mit ihrer Arbeitgebermarke im Sinne eines erfolgreichen Campus-Recruiting unbedingt

darstellen – zum einen mit allen Vorteilen, die man Mitarbeiter:innen als Unternehmen zu bieten hat, zum anderen mit Stellungnahmen zu aktuellen Themen, die für Studierende wichtig sind. Zudem eignet sich LinkedIn perfekt zum Netzwerken und für das »Active Sourcing«, d. h. das (pro)aktive Ansprechen von vielversprechenden Talenten.

Learning
»Welche Kanäle sind Studierenden wirklich wichtig – und wie sind sie von uns zu handhaben?« statt »Wir bespielen einfach ohne Priorisierung alle Social-Media-Kanäle, die sich bieten und in denen wir immer dieselben Inhalte präsentieren, ohne Rücksicht auf die Anforderungen und Charakteristika des jeweiligen Kanals – und verantwortlich dafür sind einige der juniorigen Mitarbeiter:innen, die sich ohnehin ständig auf diesen Kanälen bewegen!«

Chancen
- Social-Media-Kampagnen sind ein »Must« zum Erreichen der Studierendenzielgruppe, …

Herausforderungen
- … allerdings nur, wenn man als Unternehmen diese Kanäle in ihrer Zielsetzung und Funktionsweise versteht und weiß, wie sie gemäß den Ansprüchen der Studierenden zu handhaben sind – ansonsten drohen Shitstorms und Co.

Fazit
- Soziale Medien und Netzwerke werden von Unternehmen zwar als wichtig für das Recruiting eingeschätzt, die Handhabung dieser Kanäle zur Ansprache von Studierenden wird jedoch häufig unterschätzt.

3.3.28 Spenden

Auch mit Spenden- und Sponsoring-Maßnahmen oder mit Patenschaften (bspw. von Lehrstühlen oder Arbeitsgruppen) kann man als Unternehmen Hochschulen helfen und diese als Kooperationspartner gewinnen. Die monetäre Unterstützung mittels Geld- oder Sachspenden kann mit unterschiedlichen Budgets erfolgen und bietet die Möglichkeit, sich gegenüber der Hochschule und auch gegenüber den Studierenden bekannt zu machen. Grundsätzlich ist Sponsoring auch in einem überschaubaren Rahmen sinnvoll, bspw. durch die finanzielle Unterstützung von Hochschulsommerfesten, einer spezifischen Fachbereichsparty oder ähnlichen Events. Dank (mit dem Unternehmensnamen) gebrandeter Büromöbel oder -materialien, IT-Equipment oder Lounge-Sesseln, Bibliotheks- oder Mensaausstattung, Getränke oder Verköstigung kann man im Idealfall als Unternehmensabsender im Gedächtnis der studentischen Zielgruppe bleiben.

Spenden müssen nach außen kommuniziert werden

Der gesamte Prozess des Spendens und Sponsorings, von bspw. der Übergabe eines Schecks über die Lieferung gespendeter Dinge bis zum Aufstellen von Sachspenden, eignet sich perfekt als Content für PR- und Employer-Branding-Kampagnen. »Tue Gutes und sprich darüber« – wenn man sich als Unternehmen als Spender oder Sponsor engagiert, sollten diese Maßnahmen kommunikativ strategisch begleitet und kontinuierlich nach außen getragen werden.

Spenden erfüllen die Ansprüche von Spendern und Studierenden

Als Maßnahme zum Gewinnen von Studierenden muss das Spenden und Sponsoring jedoch kritisch betrachtet werden, da es in erster Linie dazu geschaffen und geeignet ist, die kooperierende Hochschule glücklich zu machen, jedoch nur bedingt dazu, Studierende anzusprechen. Sofern das Instrument des Spendens von einem Arbeitgeber angedacht ist, sollte bei der Planung der Vorgehensweise und Inhalte darauf geachtet werden, inwieweit die Spenden und der Spender den Studierenden überhaupt bekannt sind sowie inwieweit sowohl Spenden als auch Spender den Studierenden wichtig sind.

Learning

»Was sollten wir mit Spenden unterstützen, um zu den Studierenden durchzudringen – und nicht nur, um den Bedarf der Hochschule zu decken?« statt *»Egal, was man einer Hochschule spendet, es wird schon irgendwie von den Studierenden bemerkt werden.«*

Chancen

- Spenden an Hochschulen schaffen Aufmerksamkeit und liefern Social Media Content.

Herausforderungen

- Nur wenn die Spenden auch den Bedürfnissen und Wünschen der Studierenden entsprechen, eignen sie sich als Instrument zu deren Ansprache und Gewinnung.

Fazit

- Spenden und Sponsoring sind PR-stark sowie bei Hochschulen äußerst begehrt und beliebt, nur treffen sie selten die Wünsche der Studierenden und erregen so auch selten deren Aufmerksamkeit oder Interesse.

3.3.29   Stellenausschreibungen

Die Standardansprache, um zukünftige Mitarbeiter:innen zu rekrutieren, ist weiterhin die klassische Stellenausschreibung. Daher gehört diese auch in das Instrumentarium einer Campus-Recruiting-Strategie, um Studierende und Absolvent:innen für sich zu gewinnen. Dabei muss bedacht werden, dass gerade Ausschreibungen zu Junior- oder Trainee-Positionen, die für (zukünftige) Hochschulabsolvent:innen besonders interessant sind, genau so formuliert werden, dass Studierende sie verstehen – und letztlich als attraktiv empfinden.

Kennzeichen von Stellenausschreibungen, die Studierende irritieren oder sogar abschrecken, und somit typische Don'ts & No-Gos sind bspw.:

- **kryptische Jobtitel – Studierende verwirren**
  Unter vielen englischsprachigen, branchenspezifischen oder auch fantasievollen Jobbezeichnungen können sich Studierende schlichtweg nichts vorstellen, es mangelt ihnen an Verständlichkeit, Aussage und/oder Substanz – empfehlenswert ist daher ein »Übersetzen« von unternehmensinternen Jobtiteln, die das Verstehen seitens der Studierenden gewährleisten, sowie eine detaillierte Beschreibung aller Aufgaben und Verantwortungen, die mit diesen Titeln verbunden sind.

- **erwartete Berufserfahrung – Studierende überfordern**
  Ein häufig gesehenes Beispiel sind Vakanzen, die einerseits gezielt Berufseinsteiger, d. h. Absolvent:innen direkt von der Hochschule, ansprechen sollen, während andererseits im gleichen Atemzug »Berufserfahrung« erwartet wird – was die Studierenden nachvollziehbarerweise irritiert und häufig dazu führt, dass sie sich nicht bewerben. Dabei handelt es sich hierbei oft um ein Missverständnis, da die meisten Unternehmen in diesem Zusammenhang unter Berufserfahrung üblicherweise Praktika, Werkstudententätigkeiten oder auch Nebenjobs verstehen, die Studierenden aber denken, dass die Unternehmen unter dem Begriff tatsächliche Berufserfahrung (im Sinne einer mehrjährigen Festanstellung) verstehen – eine (missverstandene) Voraussetzung, die sie gegebenenfalls von einer Bewerbung abhält.

- **generische Anforderungen – Studierende langweilen**
  Austauschbare und nicht sonderlich profilierende Anforderungen an zukünftige Mitarbeiter:innen sind bspw. Teamgeist, Engagement, Motivation, Durchsetzungsfähigkeit oder auch Zielorientierung – denn die Studierenden sehen diese Anforderungen in nahezu jeder Stellenausschreibung und fragen sich verständlicherweise, warum eben derartige Standardanforderungen nochmals explizit genannt werden (müssen). Für sie stellen Teamgeist und Co. eine Selbstverständlichkeit dar, die jedes Unternehmen bieten sollte.

- **generische Benefits – Studierenden wenig bieten**
  Ebenso typisch wie nichtssagend und austauschbar sind Formulierungen von Benefits, die unabhängig von Branche, Unternehmensgröße, -bekanntheit oder -image in (zu) vielen Stellenausschreibungen auftauchen – bspw. der (vieldiskutierte) Obstkorb, das Miteinander-Arbeiten auf Augenhöhe, die gute Stimmung im Team und der Teamgeist oder auch Gesundheits- und Fitnessangebote. Hierbei handelt es sich aus der Sicht von Studierenden längst um Selbstverständlichkeiten, d. h. um »Musts« und sog. Hygienekriterien, die Absolvent:innen von Arbeitgebern einfach als Standard erwarten.

- **Onlineportale – Studierende abschrecken**
  »Keep it short and simple« ist die Erfolgsformel für ein erfolgreiches Rekrutieren von Studierenden und Absolvent:innen. Im Gegensatz dazu sind viele der Bewerbungs- und Karriereportale für viele Talente zu aufwendig und daher abschreckend. Aufgrund des aktuellen und zukünftigen Arbeitnehmermarktes befinden sich die Talente schlichtweg nicht mehr in der Position, sich für unterschiedliche Bewerberportale oder gar für jeden einzelnen interessanten und für sie infrage kommenden Arbeitgeber einen Account anlegen zu müssen. Im Gegen-

teil: Die Mitarbeiter:innen der Zukunft möchten ihr LinkedIn-Profil hochladen, sich per Video bewerben und möglichst schnell in den Austausch mit potenziellen Arbeitgebern treten.

Learning

»Der Köder muss dem Fisch schmecken – und nicht dem Angler. Unsere Stellenausschreibungen müssen die Studierenden nicht nur ansprechen, sondern überzeugen und vor allem uns als Unternehmen und Arbeitgeber bei ihnen positiv positionieren!« statt *»Unsere Stellenausschreibungen entsprechen unseren unternehmensinternen Standards, wer diese nicht versteht oder nicht ansprechend findet, passt als Mitarbeiter:in ohnehin nicht zu unserem Unternehmen.«*

Chancen

- Da immer noch zu viele Stellenausschreibungen für wiederum viele Studierende nicht verständlich oder nicht attraktiv sind, eröffnet sich für Unternehmen, die Stellenausschreibungen aus der Perspektive der Zielgruppe der Studierenden und Absolvent:innen verfassen, ein leichterer Zugang zu zukünftigen Mitarbeiter:innen der Generation Z.

Herausforderungen

- Das Hinterfragen und Optimieren von Stellenbeschreibungen, die sich scheinbar jahrelang bewährt haben und nie angepasst werden mussten, fällt vielen Unternehmen schwer – es kostet Zeit und bedarf unternehmensintern teamübergreifender Abstimmungsprozesse und eines grundlegenden Verständnisses der Zielgruppe der Studierenden und Absolvent:innen.

Fazit

- Die meisten Stellenausschreibungen müssen überarbeitet werden, um ihre Zielgruppe zu erreichen – allerdings realisieren das die wenigsten Unternehmen oder aber sie scheuen den Aufwand der Anpassung bisheriger bzw. aktueller Formulierungen in ihren Ausschreibungen.

3.3.30   Stipendien

Viele Studierende sorgen sich um die Finanzierung ihrer Zukunft und ihres Studiums. Als Unternehmen kann man diese Situation aufnehmen und daher vielversprechende Studierende mit Stipendien unterstützen. So bindet man sie als Arbeitgeber bereits früh auf ihrem Karriereweg an sich. Eine von zahlreichen Möglichkeiten ist dabei das Deutschland-Stipendium – eine Initiative des Bundesministeriums für Bildung und Forschung –, um Talente an Hochschulen gezielt zu fördern. Arbeitgebende Unternehmen fördern Talente dabei mit 150 Euro monatlich und erlangen gleichzeitig Aufmerksamkeit sowohl an der betreffenden Hochschule als auch in der gesamten Studentenschaft.

Stipendien haben hohe Hürden
Allerdings versprechen sich nur wenige Studierende Erfolgsaussichten beim Beantragen eines Stipendiums. Überwiegend herrscht bei vielen Interessierten und Talentierten die Vorstellung, dass selbst begabte Studierende in Deutschland nur selten eine finanzielle Studienförderung erhalten. Daher gibt es erstaunlicherweise immer wieder Stipendien, die mangels Bewerber:innen nicht vergeben werden können.

Stipendiat:innen müssen Herausforderungen meistern
Die Herausforderungen auf Unternehmensseite liegen bei Stipendien im Bereich der Kommunikation des Stipendiums und in der Identifikation der Stipendiat:innen – die im Detail wie folgt aussehen:

Stipendien müssen kommuniziert werden
Unternehmen und Arbeitgeber sollten sich vor der Vergabe eines Stipendiums auf die Kommunikation konzentrieren, um den Studierenden zu verdeutlichen, dass ein Stipendium eine finanzielle Unterstützung ist, die nicht zurückgezahlt werden muss, und dadurch eine der besten Förder- bzw. Geldquellen ist, die sich Studierende als attraktiv vorstellen können. Außerdem wirkt ein Stipendium als Bestandteil des Lebenslaufs gut, denn es zeigt, dass man gefördert wurde, da man von einem Unternehmen als talentiert und vielversprechend angesehen wurde.

Stipendiat:innen müssen gefunden werden
Die Identifikation geeigneter Talente sollten Unternehmen möglichst vielfältig angehen. Im Idealfall sind die Hochschule und vor allem Dozent:innen in der Lage, Studierende zu empfehlen, die eines Stipendiums würdig sind. Gleichzeitig ist ein Motivationsschreiben seitens interessierter Studierender ratsam, mit dem diese sich gegenüber dem Unternehmen vorstellen und sich ihm empfehlen, ebenso wie ein mehrstufiges Interview mit den potenziellen Stipendiat:innen, das einen partnerschaftlichen Austausch auf Augenhöhe zwischen dem Unternehmen und dem Talent zum Ziel hat.

Learning
»Inwiefern verstehen die Studierenden die Vorteile und die Vergabe von Stipendien – und wie identifizieren wir förderungswürdige Talente?« statt »Wenn wir ein Stipendium vergeben, werden die Talente automatisch zu uns strömen!«

Chancen
- Mittels eines Stipendiums fördert man als Unternehmen nicht nur vielversprechende Studierende und gewinnt so langfristig qualifizierte Mitarbeiter:innen, man steigert zudem seine Bekanntheit und sein Image als Arbeitgeber.

Herausforderungen

- Viele Studierende kennen die Möglichkeit eines Stipendiums (zu) wenig oder überhaupt nicht – und selbst wenn, dann rechnen sie sich häufig kaum Chancen aus; zudem gestaltet sich die Identifikation geeigneter Kandidat:innen anspruchsvoll.

Fazit

- Stipendien erscheinen per se wie eine offensichtliche Chance für Unternehmen und Studierende, Voraussetzungen dafür sind jedoch eine intensive Kommunikation zur Aufklärung über die Vorteile von Stipendien und über das häufig recht unkomplizierte Prozedere sowie ein ausführlicher Prozess zur Auswahl von Stipendiat:innen.

3.3.31   Talentdatenbank

Viele Hochschulen bieten digitale Talent- bzw. Karriereplattformen an. Hier können Unternehmen (häufig kostenfrei) die Lebensläufe von Studierenden und Absolvent:innen einsehen und diese gegebenenfalls passgenau auf Vakanzen und Positionen ansprechen. Diese gezielte Ansprache von Studierenden über solche Plattformen verläuft meistens erfolgreicher und auch effizienter als über weniger spezifische Jobportale wie stepstone.de oder indeed.de, bei denen die Kontaktaufnahme und der erste Austausch mit Kandidat:innen standardisiert, komplett anonym und dadurch austauschbar sind.

Bekannte Talente archivieren und »verfolgen«
Abgesehen von den Plattformen der Hochschulen sind unternehmenseigene Talentdatenbanken empfehlenswert, diese werden seitens des HR-Teams als Instrument im Rahmen der Mitarbeiterrekrutierung eingesetzt. Hier werden Profile von Talenten, Bewerber:innen und Mitarbeiter:innen gesammelt, analysiert und gespeichert, alle aussagekräftigen und entscheidungsrelevanten Daten und Informationen zu insbesondere Praktikant:innen und Werkstudent:innen werden dort verarbeitet.

Bekannte Talente im passenden Augenblick ansprechen
So können Unternehmen, sobald eine Stelle frei wird, umgehend die jeweils geeigneten Kandidat:innen aus dieser Talentdatenbank bzw. diesem Talent-Pool ansprechen und gegebenenfalls einladen. So sichern Talent-Pools die Personalbeschaffung.

Learning
»Wie gelingt es uns, bereits bekannte Talente langfristig zu beobachten, zu begleiten und an uns zu binden?« statt *»Wie können wir immer aufs Neue Talente finden, wenn sich Vakanzen in unserem Unternehmen auftun?!«*

Chancen

- Talentdatenbanken bieten die Möglichkeit, Talente, die man als Arbeitgeber bereits bspw. im Rahmen von Praktika kennengelernt hat, nicht aus dem Auge zu verlieren, sondern langfristig im Personal-Pool zu pflegen und aktiv zu begleiten.

Herausforderungen

- Die kontinuierliche Pflege von Talentdatenbanken erfordert Zeit und Sorgfalt, da nur so das Potenzial aktueller und zukünftiger Mitarbeiter:innen erkannt und ausgeschöpft werden kann.

Fazit

- Talentdatenbanken dienen dem Aufbau und der Pflege der Beziehung zu Studierenden – sie werden sowohl bezüglich ihrer Pflege als auch hinsichtlich ihres Potenzials häufig unterschätzt, da sie eine gewissenhafte Pflege und eine spezifische Analyse der Daten zu Talenten erfordern.

3.3.32 Thesis

Alle Studierenden beenden ihr Studium mit der Abschlussarbeit, einer Thesis. Daher ist diese die ideale Gelegenheit, um mit Talenten Kontakte zu knüpfen, ihnen beratend zur Seite zu stehen und sie beim Start ins Berufsleben zu begleiten. Die Vorgabe von Thesis-Themen und das Angebot einer Zusammenarbeit im Rahmen von Abschlussarbeiten wecken das Interesse von Studierenden an Unternehmen und sind daher ein exzellentes HR-Rekrutierungsinstrument.

Effiziente Identifikation von Kontakten

Der Kontakt zu zukünftigen Absolvent:innen, die sich in der Vorbereitung ihrer Thesis befinden und ein Thesis-Thema suchen, kann direkt über die Hochschule, bspw. über das Karrierecenter, stattfinden. Zudem kann man als Arbeitgeber Thesis-Themen ausschreiben, geeignete Kandidat:innen durch Dozent:innen identifizieren lassen oder auch die Studierenden um ein Thesis-Thema »pitchen«, d.h. sich im Wettbewerb mit anderen Studierenden bewerben, lassen.

Intelligente Identifikation von Themen

Einige Studierende haben Schwierigkeiten, ein für sie passendes Thema zu finden, und freuen sich daher über Themen, die Unternehmen vorschlagen. Viele Studierende allerdings haben sich bereits für einen Schwerpunkt entschieden, den sie im Rahmen ihrer Thesis behandeln wollen, bevorzugen jedoch für ihren eigenen Horizont sowie ihren Lebenslauf einen Praxisbezug, den ihnen die Zusammenarbeit mit Unternehmen aus der Wirtschaft und Praxis bieten kann.

Learning

»Wir geben Talenten in der letzten und entscheidenden Phase ihres Studiums Orientierung und Richtung!« statt *»Wir stellen die für uns wichtigen Themen als Thesis-Themen ins Netz und warten dann darauf, was den Studierenden davon gefällt.«*

Chancen
- Die Betreuung von Abschlussarbeiten ist ein ideales Instrument, um Talente zu identifizieren, kennenzulernen und zu binden – idealerweise von der Thesis in die erste Festanstellung.

Herausforderungen
- Die Identifikation von Hochschulen, die Abschlussarbeiten in Kooperation mit Unternehmen nicht nur akzeptieren, sondern fördern, von Kandidat:innen, die zum Unternehmen passen, und von Mitarbeiter:innen, die Talente während ihrer Thesis betreuen, kann sich als aufwendig erweisen.

Fazit
- Abschlussarbeiten sind für Studierende ein Meilenstein ihres Studiums und dementsprechend emotional aufgeladen – wer als Unternehmen Studierenden dabei zur Seite steht, garantiert sich den Zugang zu Talenten.

3.3.33 Webinare

Webinare haben sich als Instrument der Kunden- und Mitarbeiterakquise längst etabliert. Sie bieten zahlreiche Vorteile – bspw. erfordern sie relativ wenig Ressourcen an Zeit und Kosten, es entfallen Anfahrt und gegebenenfalls Übernachtung, sie ermöglichen eine Echtzeitkommunikation und Videoaufzeichnungen, Fragen können umgehend gestellt und besprochen werden, sie sind multimedial, stehen so für eine effektive Wissensvermittlung und sprechen einen großen Teilnehmerkreis an. Um Studierende und Absolvent:innen damit zu erreichen, sollten allerdings die folgenden Punkte beachtet werden:

3.3.33.1 Voraussetzungen

Technik – wie Webinare für Studierende funktionieren

Die Veranstalter von Webinaren müssen als Grundlage für eine erfolgreiche (und funktionierende) Veranstaltung eine leistungsstarke Internetverbindung und aktuelle Software sicherstellen, die das perfekte Funktionieren von Login, Bild und Ton garantieren – nichts verärgert Talente mehr als (vermeidbare) technische Probleme, von denen sie zudem schnell auf eine mangelnde digitale Kompetenz des Unternehmens schließen.

Multimedia – welche Medien Webinare für Studierende nutzen sollten

Die Inhalte der Webinare sollten unbedingt »webinaradäquat« gestaltet sein, d. h., traditionelle Seminarinhalte wie Folien müssen multimedialen Inhalten weichen, die dem interaktiven Charakter von Webinaren entsprechen – Talente erwarten nicht nur digitale, sondern multimediale Kompetenz sowie einen hohen, kurzweiligen Entertainment-Faktor sowohl von Webinaren als auch von dem entsprechenden Absenderunternehmen.

Unterhaltung – wie Webinare für Studierende für Entertainment sorgen

Webinare befinden sich mit zahlreichen anderen Kommunikationsinstrumenten in einem permanenten Kampf um die Aufmerksamkeit von Studierenden. Denn gerade die Zielgruppe der Studierenden ist Onlineveranstaltungen als Standard gewohnt und beschäftigt sich während eines Webinars häufig auch mit anderen Dingen. Präsentationen, die kurzweilig und daher in der Lage sind, die Aufmerksamkeit von Studierenden auf sich zu ziehen und ihr Interesse längerfristig zu wecken, vermeiden textüberfrachtete Folien, die vom Moderator bzw. der Moderatorin 1:1 vorgelesen werden. Stattdessen nutzen sie aufmerksamkeitsstarke Fotos und Bilder und sorgen dafür, dass während des gesamten Webinars ständig für (multimediale) Abwechslung sowie für ausreichend Raum und Zeit für Fragen und Diskussion gesorgt ist. Zudem sollten Webinarpräsentationen idealerweise nicht länger als maximal 40 bis 45 Minuten dauern, um die Konzentration der Studierenden nicht auszureizen bzw. diese zu überfordern – das verhindert Webinarabbrüche.

3.3.33.2 Ablauf

Empfang – wie man Studierende bei Webinaren empfängt

Da sich viele Webinarteilnehmer:innen relativ frühzeitig im virtuellen Webinarraum anmelden, sollten dieser Raum und die Zeit bis zum Webinarbeginn professionell genutzt werden. Daher ist es ratsam, bspw. auf kurzfristige Soundchecks oder auf die Abstimmung organisatorischer Einzelheiten zu verzichten. Stattdessen sollten in der Wartezeit zukünftige Veranstaltungstermine zu weiteren Webinaren oder Unternehmenspräsentationen gezeigt werden, die für die Zielgruppe der Studierenden als potenzielle Mitarbeiter:innen von Interesse sind.

Einstieg – wie man Studierende in Webinaren abholt

Gerade die ersten Sekunden eines Webinars entscheiden über den Verbleib der Student:innen während der gesamten Veranstaltung. Das Ziel sollte demnach sein, das Interesse der Studierenden von Anfang an aufrechtzuerhalten. Den Moderator:innen von Webinaren kommt dabei eine große Bedeutung zu, da es in ihrer Verantwortung liegt, einen Spannungsbogen aufzubauen und Diskussionen anzuregen. Das gelingt durch eine möglichst kurze Begrüßung, der Informationen folgen, was die Teilnehmer:innen während des Webinars an Inhalten erwartet, und gegebenenfalls durch einen Hinweis auf spezielle Highlights im Verlauf des Webinars. Zudem wichtig ist die Vorstellung der Referent:innen und die Erklärung, warum gerade diese aufgrund ihrer Expertise zu dem Webinarthema referieren und für die Studierenden interessant sein könnten.

Dialog – wie man mit Studierenden in Webinaren ins Gespräch kommt

Die Moderator:innen von Webinaren haben die Möglichkeit, die Vorträge der Referent:innen zu unterstützen und zu beleben: Mittels Chat eingegangene Teilnehmerfragen der Studierenden und Absolvent:innen können bspw. durch die Moderation aufgegriffen und an die Referent:innen weitergereicht werden oder die Moderator:innen selbst stellen während des Vortrags (vorher mit den Referent:innen abgestimmte) Verständnisfragen und bitten für die Studierenden um konkrete Anschauungsbeispiele aus der Praxis.

Interaktivität – wie man Studierende in Webinaren aktiv werden lässt

Die Webinarmoderation sollte zwischen Vortrag, Diskussion, Übungen, Umfragen und Fragen wechseln, um die Aufmerksamkeit der Studierenden aufrechtzuerhalten sowie den Austausch zwischen den Teilnehmer:innen zu fördern – der direkte Austausch mit potenziellen Arbeitgebern und deren Unternehmensvertreter:innen ist für Talente ein (selbstverständlicher) Mehrwert dieses Formates.

3.3.33.3   Finale

Q&A – warum Fragen und Antworten bei Webinaren wichtig für Student:innen sind

Zum Abschluss einer Webinarpräsentation sollte im Rahmen einer Q&A-Runde ausreichend Zeit für Fragen eingeplant werden. Durchgesetzt hat sich eine Veranstaltungslänge von ca. 45 Minuten mit ca. 30 Minuten Vortrag und ca. 15 Minuten Q&A. Mittels einer Q&A-Runde schafft man Transparenz und einen durchgängigen Lauf der Veranstaltung, wenn allen Teilnehmer:innen klar ist, dass im Anschluss an die Präsentation Zeit für Fragen bleibt, d.h., (den Ablauf störende) Zwischenfragen werden vermieden. Aufgrund der Fragen können Rückschlüsse auf die Erwartungen und Bedürfnisse der Studierenden gezogen werden, zugleich unterstreichen diese Fragerunden den Live-Charakter des Webinars.

Feedback – wie Rückmeldung von Studierenden abgerufen und genutzt werden sollte

Durch Feedbackrunden vermittelt man den Studierenden Interesse an deren Rückmeldungen, Meinungen und Eindrücken. Das offene Austauschen von Feedback im Anschluss an Vortrag, Diskussion und Q&A oder aber das Einblenden eines Links bzw. QR-Codes zu einem kurzen Feedbackfragebogen ermöglicht das zeitnahe Erheben und die Analyse des Studierendenfeedbacks. Wichtig ist dabei, den Studierenden die Möglichkeit zu geben, das Webinar sowohl zu bewerten als auch Vorschläge zur Optimierung der Veranstaltung zu teilen.

Aufruf – wie Webinare einen Mehrwert schaffen

Webinare, die als reine Unternehmenspräsentationen konzipiert sind, werden von Studierenden als wenig attraktiv wahrgenommen. Denn diese Informationen könnten sie sich auch auf der Website des jeweiligen Unternehmens holen. Webinare für die anspruchsvolle Zielgruppe der Studierenden und Absolvent:innen sollten daher unbedingt mit einem Mehrwert aufwarten, idealerweise mit unternehmens- und branchenspezifischen Informationen und Lösungen zu zielgruppenrelevanten Themen, die die Teilnehmer:innen nur in diesem Seminar erhalten können.

Unterlagen – welche Informationen Studierende erwarten

Direkt im Anschluss sollten die Präsentationsunterlagen aller Referent:innen des Webinars allen Studierenden, die sich zum Webinar angemeldet haben, als Download zur Verfügung gestellt oder als PDF-Datei versendet werden. Die Studierenden legen sehr viel Wert auf solch ein »Content-Geschenk«, d. h. darauf, die Unterlagen nicht nur präsentiert zu bekommen und zu diskutieren, sondern diese auch im Nachgang zu nutzen, bspw. für eigene Vorträge und Präsentationen oder auch als Quelle für ihre Abschlussarbeiten.

Analyse – wie man Webinare für Studierende optimieren kann

Nach jedem Webinar sollte eine Analyse der Veranstaltung anhand folgender Fragen stattfinden:

- Wie hoch war die Anzahl der angemeldeten Studierenden?
- Wie hoch waren die »No show«- und die Abbruchrate?
- Wann genau kam es zum Abbruch der Teilnahme seitens der Studierenden?
- Welche Schlussfolgerungen und welche Verbesserungsmöglichkeiten lassen sich aus dem Feedback der Studierenden ableiten?
- Was ist aus der Sicht der Studierenden besonders gut gelungen – und sollte bei der nächsten Veranstaltung unbedingt beibehalten werden?
- Und was hat den Studierenden weniger gefallen, was muss beim nächsten Mal bezüglich Agenda, Inhalten, Moderator:innen oder Medienmix verändert werden?

Learning

»Mit welchen Webinarinhalten können wir den Studierenden einen nennenswerten Mehrwert bieten?« statt »Wir haben eine tolle Arbeitgebermarke, die möchten wir den Studierenden unter dem Deckmantel eines Webinars präsentieren.«

Chancen

- Webinare sind aufgrund ihrer Kürze und Kurzweiligkeit ein geeignetes Medium, um die Zielgruppe Studierende und Absolvent:innen auf Arbeitgebermarken aufmerksam zu machen. Zudem fällt es einerseits den Studierenden leichter, unabhängig vom Veranstaltungsort überhaupt an Webinaren teilzunehmen (keine Anfahrt oder Reisekosten), andererseits begrenzt es den Vorbereitungsaufwand seitens des Veranstalters (Meeting-Raum-Organisation, Catering, Einladungen etc.).

Herausforderungen

- Gelungene Webinare sind gekennzeichnet durch Informationen, die den Studierenden allein mittels dieser Veranstaltung zugänglich sind und die die Bedürfnisse der Studierenden aufnehmen.

Fazit

- Webinare eignen sich als Instrument zum Schaffen von Aufmerksamkeit sowie zur Bindung von Talenten an die Arbeitgebermarke, sind jedoch angesichts der Erwartungen der Studierenden bezüglich des Aufwands nicht zu unterschätzen.

3.3.34   Website

Websites potenzieller Arbeitgeber gelingt es nur, das Interesse von Talenten zu wecken, wenn sie zum einen alle relevanten Ansprechpartner:innen und Verantwortlichen insbesondere zum Thema HR inklusive aller möglichen Kontaktdaten liefern, zum anderen, wenn die Inhalte der Websites Themen aufgreifen, die Studierende interessieren, bewegen und antreiben.

Chatbot-Interaktion – KI für Fragen und Antworten nutzen
Um mit Studierenden möglichst schnell in Interaktion zu treten, haben sich Chatbots als nützlich erwiesen. Chatbots eignen sich bestens für den schnellen Aufbau einer ersten Kommunikation mit Talenten, Studierenden und Absolvent:innen, um Informationen zum Unternehmen, zur Branche und zu Jobs weiterzugeben. Dabei sollten die Profile der Studierenden, die sich über den Bot an das Unternehmen gewandt haben, gespeichert werden, da sie potenzielle Kandidat:innen sind, die über andere Kommunikationskanäle erneut angesprochen werden können. Nichtsdestotrotz sollten arbeitgebende Unternehmen direkt nach dem Erstkontakt via Chat(bot) möglichst schnell zum persönlichen Austausch von Informationen wechseln.

Learning
»Welche Informationen müssen wir Studierenden liefern, damit diese überhaupt bzw. mehr als einmal unsere Website besuchen?!« statt *»Die Website ist unsere digitale Visitenkarte – sie bietet gleichermaßen für alle Stakeholder etwas, jeder findet die für ihn relevanten Informationen – so sicherlich auch Talente und Studierende.«*

Chancen
- Die Unternehmenswebsite kann als ein Instrument dienen, um das dank anderer Kommunikationskanäle gewonnene erste Interesse von Studierenden am Unternehmen als potenziellem Arbeitgeber zu bedienen.

Herausforderungen
- Unternehmenswebsites müssen durch Inhalte überzeugen, die Studierende interessieren und überzeugen, dürfen als Kommunikations- und Kontaktkanal jedoch nicht überschätzt werden, da sie für Studierende als Kanal eher zweitrangig sind.

Fazit
- Die Unternehmenswebsite ist zwar auch für die Zielgruppe der Studierenden und Absolvent:innen die digitale Visitenkarte potenzieller Arbeitgeber – jedoch müssen erst Anreize geschaffen werden, um Studierende auf die Website zu führen und dort zu halten, sowie zusätzliche Kontaktpunkte identifiziert werden, die für Studierende mehr Bedeutung haben.

3.3.35 Werbung

Werbung auf dem Campus, auf Hochschul- und Recruiting-Messen oder -Events ist ein weiterer Kontaktpunkt, um Studierende an Hochschulen bzw. an studienrelevanten Orten zu erreichen. Gerade der Hochschulcampus bietet viele Kontaktmöglichkeiten, denn die Studierenden halten sich zwar vorwiegend in den Hörsälen und Seminarräumen auf, sie besuchen aber gleichfalls die Bibliothek, versorgen sich in der Mensa, treiben Sport oder wohnen im Studentenwohnheim. An all diesen Touchpoints lohnt es sich, für die eigene Arbeitgebermarke zu werben – analog mit Broschüren und Flyern, Bannern und Plakaten oder digital mit Bildschirmpräsentationen. Auf Karrieremessen und ähnlichen Events bestehen vergleichbare Werbemöglichkeiten, hinzu kommt noch die Chance des persönlichen Kontakts und Austauschs mit Studierenden.

Learning
»Wir werben als Unternehmen und Personalabteilung für unsere Arbeitgebermarke genauso wie für unsere Produkte und Dienstleistungen – multimedial und mehrkanalig.« statt *»Werbung und Personalrekrutierung passen nicht zusammen, Marketing und HR haben wenig gemein.«*

Chancen
• Hochschulen bieten unbeschreiblich viele analoge und digitale Kontaktpunkte und Kanäle zur Ansprache von Talenten.

Herausforderungen
• Die Identifizierung der geeigneten Kontaktpunkte, die sowohl zum Unternehmen als auch zur Zielgruppe der Studierenden passen, ist eine strategische HR-Aufgabe.

Fazit
• Das Bewerben der Arbeitgebermarke ist ebenso komplex und wichtig für den Unternehmenserfolg wie die Werbung und Kommunikation für Produkte und Dienstleistungen.

3.3.36 Werkstudent:innen

Vor allem aufgrund des Fachkräftemangels und Arbeitnehmermarktes bieten Werkstudent:innen einen deutlichen Mehrwert für das Unternehmen. Werkstudentenstellen sind mehr als »nur« ein Recruiting-Instrument: Als Unternehmen bekommt man durch Werkstudent:innen die Chance, vielversprechende Fach- und Führungskräfte der Zukunft für sich als Arbeitgeber zu gewinnen – und im Idealfall im Anschluss an ein Praktikum und direkt nach dem Studium in eine Festanstellung zu übernehmen. Denn man sollte versuchen, vielversprechende Kandidat:innen, die man als Arbeitgeber durch Praktika kennen- und schätzen gelernt hat, mittels einer Tätigkeit als Werkstudent:in weiter und möglichst langfristig an das Unternehmen zu binden.

Monetäre Motive der Studierenden

Gleichzeitig ist eine Vielzahl von Studierenden auf einen Nebenverdienst neben dem Studium angewiesen, um u. a. Miete, ÖPNV-Tickets und Hobbys bezahlen zu können, bzw. möchte sich einfach etwas dazuverdienen, ohne darauf angewiesen zu sein, um möglichst unabhängig von Eltern und Großeltern, Banken und Krediten, Bafög oder anderen »Gönnern« zu sein. Daher ist eine Werkstudententätigkeit während des Studiums eine sinnvolle Tätigkeit, die deutlich mehr Vorteile bietet als bspw. die Alternative eines Mini-Jobs.

Unternehmerische Vorteile für Arbeitgeber

Arbeitgebern bieten Werkstudentenverträge steuerliche Vorteile, da Sozialversicherungsbeiträge (Kranken-, Renten-, Arbeitslosen- und Pflegeversicherung) nicht auf den Lohn der Werkstudent:innen angerechnet werden, was eine spürbare Kosteneinsparung für Arbeitgeber mit sich bringt. Dabei sind Werkstudent:innen in Vollzeit immatrikulierte Studierende, die während ihrer Vorlesungszeit über einen längeren Zeitraum und bis zu maximal 20 Wochenstunden für ein Unternehmen arbeiten. Dabei erhalten sie (mindestens) den gesetzlichen Mindestlohn.

Persönliche Vorteile für Student:innen

Die Tätigkeit als Werkstudent:in kann teilweise als Pflichtpraktikum angerechnet werden, sofern sie zu den Studienschwerpunkten passt, zudem hat man während der Arbeit als Werkstudent:in einen Anspruch auf Gehalt im Krankheitsfall, auf bezahlten Urlaub, auf Mutter- sowie auf Arbeitsschutz. Werkstudent:innen zahlen weniger Sozialversicherungsbeiträge als bspw. Teilzeitangestellte, sodass letztlich mehr netto vom Brutto übrigbleibt, denn es wird nur der Arbeitnehmeranteil der gesetzlichen Rentenversicherung abgezogen. Gleichzeitig bleibt der Krankenversicherungsstatus der Werkstudent:innen unverändert – selbst wenn die Studierenden bspw. in den Semesterferien mehr als 20 Stunden pro Woche oder gar Vollzeit arbeiten. Zudem bietet die Tätigkeit als Werkstudent:in eine großartige Möglichkeit zum Netzwerken, um Kontakte zu Expert:innen und Entscheider:innen zu knüpfen, unternehmens- bzw. branchenspezifisches Know-how zu erhalten, Themen und Betreuer:innen für die Bachelor- bzw. Masterarbeit zu finden oder aber frühzeitig von internen Stellenausschreibungen zu erfahren. Die größten Vorteile einer Werkstudententätigkeit sind:

- **Berufserfahrung und Netzwerke**
  Theoretisches Wissen kann im Rahmen einer Tätigkeit als Werkstudent:in in der Praxis angewendet werden, Studierende können bereits vor ihrem Abschluss einen ersten Schritt in die Wirtschaft und Arbeitswelt machen sowie Kontakte in den jeweiligen Branchen knüpfen.
- **Mindestlohn und Abzüge**
  Werkstudent:innen erhalten den gesetzlichen Mindestlohn, zudem zahlen die Student:innen bspw. weniger Steuern und Abgaben für Versicherungen.
- **Pflicht und Praktikum**
  Anrechnen und Bestätigung der Tätigkeit als Werkstudent:in als Pflichtpraktikum in Abhängigkeit der individuellen Vorgaben der jeweiligen Hochschule

- **Krankheit und Urlaub**
  Gehalt im Krankheitsfall und Anspruch auf Urlaubstage sind deutliche Vorteile im Vergleich zu anderen Tätigkeitsmodellen.
- **vorlesungsfreie Zeit und Vollzeit**
  mehr Verdienstmöglichkeiten während der vorlesungsfreien Zeit, da hier die Grenze von maximal 20 Wochenstunden nicht gilt
- **Arbeitszeugnis und Lebenslauf**
  das Erarbeiten von Referenzen, die bei späteren Bewerbungen wichtig sind, da positive Arbeitszeugnisse ein sog. »Door Opener« sind
- **Thesis und Festanstellung**
  Identifikation eines praxisnahen und wirtschaftsrelevanten Thesis-Themas, empirische Forschung mittels bspw. unternehmensinterner Daten und Quellen, Betreuung durch Unternehmensvertreter:innen sowie die Chance einer Festanstellung

Learning
»Wir müssen Talente in der Pipeline halten, d. h. vom ersten Kennenlernen über das Praktikum und die Werkstudententätigkeit zur Festanstellung führen und begleiten – und zugleich die Vorteile einer solchen Tätigkeit klar kommunizieren.« statt »Wir versuchen, die angesichts des Fachkräftemangels fehlenden Ressourcen ad hoc durch Werkstudent:innen auszugleichen – ohne langfristige Rekrutierungsstrategie, wichtig ist nur eine HR-Lösung für den Moment.«

Chancen
- Werkstudent:innen stellen eine mittlerweile notwendige Ressource für Unternehmen dar – sowohl kurzfristig, um einen akuten HR-Mangel auszugleichen, als auch langfristig, um dem Fach- und Führungskräftemangel zu begegnen.

Herausforderungen
- Werkstudent:innen müssen im Rahmen einer Rekrutierungs- und Employer-Branding-Strategie betreut und begleitet werden, man darf sie nicht nur als momentan-kurzfristige Ressource oder gar Notlösung verstehen.

Fazit
- Das Angebot von Unternehmen an Studierende, als Werkstudent:innen für sie tätig zu sein, bietet beiden Parteien viele Vorteile, die den Studierenden gegenüber allerdings klar und deutlich kommuniziert werden müssen.

3.3.37 Workshops

Viele Hochschulen arbeiten mit dem Format von Workshops im Rahmen von Vorlesungen. Hier verantworten die Studierenden im Rahmen ihres Bachelor- oder Master-Studiums einen einsemestrigen Workshop bzw. ein einsemestriges Praxisprojekt. Workshops stellen daher eine einzigartige Möglichkeit dar, um nicht nur mit Studierenden in Kontakt zu treten und Talente zu identifizieren, sondern auch, um über den Zeitraum von mehreren Wochen bis Monaten eine unternehmensrelevante Problemstellung durch die Studierenden bearbeiten und gegebenenfalls lösen zu lassen.

Ablauf und Prozess von Workshops

Während eines derartigen Workshops erstellen die Studierenden im Laufe des Semesters eine Problemlösung für Unternehmensthemen. Als Unternehmen steht man so mehrere Wochen bzw. Monate im Austausch mit den Studierenden, die dem jeweiligen Unternehmenspartner am Semesterende ihre Ergebnisse und Lösungsansätze präsentieren. Für Unternehmen bieten sich durch Workshops somit über einen längeren Zeitraum zahlreiche Kontaktpunkte, um vielversprechende Studierende für sich zu gewinnen und von sich zu überzeugen.

Learning

»Welche Themen könnten einen Anreiz für Studierende darstellen, um sich mehrere Monate für uns und mit uns zu engagieren – und uns als Arbeitgeber attraktiv zu finden?!« statt »Welche Themen könnten Studierende angehen und für uns bearbeiten, da uns aktuell Ressourcen fehlen?!«

Chancen

* Workshops brillieren durch einen längerfristigen Kontakt zu Studierenden sowie durch den intensiven Austausch mit Talenten.

Herausforderungen

* Das Finden und Kommunizieren einer Thematik, die die Studierenden als Workshop-Aufgabe fesselt und motiviert sowie das Unternehmen als attraktiven und engagierten Arbeitgeber positioniert, sollte in intensiver Abstimmung mit Dozent:innen und Studierenden erfolgen.

Fazit

* Workshops dienen dem Kennenlernen von und dem Austausch mit Studierenden, wenn es Unternehmen gelingt, sie als Instrument der Mitarbeiteridentifizierung zu nutzen und Themen zu finden, die die Studierenden begeistern und die sie demzufolge mit Enthusiasmus bearbeiten.

3.3.38   Wundertüte

Die sog. »Wundertüte« des Anbieters UNICUM wird zweimal pro Jahr kostenlos an die Studierenden ausgegeben und enthält Goodies, Rabatte, Warenproben und gesonderte Angebote von Partnern. Dabei variieren die Inhalte der Wundertüte je nach Region und je nach Universitätsstadt. Die Wundertüte wird seit fast 20 Jahren als Live-Sampling auf dem Hochschulcampus angeboten. Als Varianten gibt es die Buddy-Edition mit zwei UNICUM-Wundertüten und die WG-Edition für Wohngemeinschaften mit vier UNICUM-Wundertüten (www.unicum-wundertuete. de).

Aufmerksamkeitserreger – »umsonst« schafft die Bekanntheit
Dank der Beilagen oder Samplings erhalten mit der Wundertüte werbende Unternehmen die Aufmerksamkeit der Studierenden, insbesondere aufgrund des Event-Charakters bei der Verteilung der Wundertüten – dadurch erhöht man die Erinnerungswerte und ebenso die Kaufwahrscheinlichkeit der beworbenen Produkte. Die UNICUM-Wundertüte eignet sich vorrangig für Sampling-Projekte, wobei eine Variante für Frauen und eine für Männer angeboten wird.

Kaufanreger – »umsonst« fördert das Kaufinteresse
Nichtsdestotrotz ist die Wundertüte nicht für den Aufbau einer Arbeitgebermarke im Sinne des Talent- bzw. Campus-Recruiting geeignet. Sie schafft zwar Aufmerksamkeit für Marken, Produkte und Dienstleistungen, fördert deren Kauf und die Nutzung, ihr gelingt es jedoch weniger, zum Aufbau einer Arbeitgebermarke beizutragen.

Learning
»Wenn wir die Aufmerksamkeit für unsere Marke, Produkte und/oder Dienstleistungen bei Studierenden wecken wollen, ist die Wundertüte das ideale Marketing- (und Sales-)Instrument für unser Unternehmen!« statt »Die Wundertüte soll auch unsere Arbeitgebermarke transportieren und uns im HR-Prozess stärken.«

Chancen
- Die Wundertüte erregt bei Studierenden Aufmerksamkeit für Produkt- und Dienstleistungsmarken sowie Neugierde bezüglich der absendenden Unternehmen, …

Herausforderungen
- … jedoch ist sie ungeeignet als Employer-Branding-Instrument.

Fazit
- Die Nutzung der Wundertüte erzeugt nur kurzfristige Marketingerfolge, regt ausschließlich zum Probieren bzw. Kauf der mittels Wundertüte beworbenen Produkte und Dienstleistungen an.

3.3.39 Exkurs: Alumni – die »Einflusszielgruppen«: Absolventenratgeber:innen und -Influencer:innen

Bei der Gewinnung und Bindung von Studierenden, Talenten und Absolvent:innen sind die Glaubwürdigkeit und der Einsatz von Alumni nicht zu unterschätzen. Denn Alumni besitzen die

Attraktivität und Opinion-Leader-Kompetenz, um einerseits die Aufmerksamkeit der Studierenden auf sich und dadurch eben auch auf Unternehmen und ihre Arbeitgeber zu lenken, und andererseits häufig das notwendige Involvement und Engagement, um Studierende erfolgreich anzusprechen und zu aktivieren. Die Einfluss- und Einsatzmöglichkeiten der Alumni sind dabei recht vielfältig:

Alumni-Dozent:innen – Ehemalige lehren

Alumni, die sich an Hochschulen als Dozent:innen engagieren und über ein oder mehrere Semester Vorlesungen halten, gelingt es äußerst schnell, im Rahmen dieser Vorlesungen eine intensive Verbindung zu den Studierenden aufzubauen. Denn hier können sie »nebenbei« ihr Unternehmen ins Spiel bringen, vorstellen und als Arbeitgeber positionieren, »Best Practice«-Beispiele aus der eigenen Unternehmenspraxis diskutieren oder gemeinsam mit den Studierenden Themen des Unternehmens als bspw. Übungs- oder sogar Prüfungsaufgabe bearbeiten.

Alumni-Netzwerke – Ehemalige vernetzen

Die meisten Hochschulen verfügen über ein Alumni-Netzwerk und betreuen es aktiv, um den Kontakt zu ihren Absolvent:innen zu pflegen sowie im Sinne und zum Vorteil der Hochschule wiederum das Netzwerken der Alumni untereinander zu fördern. Diese Netzwerke sind zum einen eine großartige Möglichkeit für Unternehmen, um Jahr für Jahr neue Absolvent:innen anzusprechen, die gerade erst die Hochschule verlassen haben und auf der Suche nach dem für sie passenden Arbeitgeber sind. Dies kann bspw. durch Vorträge und Beiträge oder auch durch Unternehmensexkursionen im Rahmen von Netzwerkveranstaltungen erfolgen und das Unternehmen als relevante Arbeitgebermarke positionieren. Zum anderen können Unternehmen ihre eigenen Mitarbeiter:innen innerhalb dieser Netzwerke als Fürsprecher:innen für die eigenen Interessen als Arbeitgeber(marke) einsetzen, bspw. indem sich Absolvent:innen an ihrer ehemaligen Hochschule durch Mentoring-Programme, Vorlesungen oder Vorträge engagieren und so den Kontakt zu vielversprechenden Talenten aufbauen.

Alumni-Influencer:innen – Ehemalige beeinflussen

Der Einsatz einer Alumna oder eines Alumnus als Corporate Influencer:in in den Sozialen Netzwerken und in den Sozialen Medien bietet eine vielversprechende Chance für die erste Ansprache und auch Bindung von Talenten an Hochschulen. Mitarbeiter:innen, die sich regelmäßig via Social Media zu ihrem Job, ihrem Arbeitsplatz und ihrem Arbeitgeber äußern, genießen eine meist überdurchschnittlich große Aufmerksamkeit und zudem auch Glaubwürdigkeit – jedoch nur, sofern der Arbeitgeber diese als Influencer:innen von ihren Erfahrungen und Eindrücken »frei« berichten lässt. Gerade auf Studierende wirken Alumni als Influencer:innen enorm interessant und glaubwürdig, denn viele alternative Kommunikationsinstrumente, bspw. Videos zur Unternehmensgeschichte und -entwicklung, haben eher ausgedient, wenn es um das Gewinnen von Mitarbeiter:innen aus der Zielgruppe der Studierenden geht.

Alumni-Gastredner:innen – Ehemaligen hört man zu

Vorträge auf Hochschulveranstaltungen, die erfolgreiche und/oder »vorzeigbare« Alumni an ihrer ehemaligen Hochschule halten, treffen bei vielen Studierenden auf ein überdurchschnittlich ausgeprägtes Interesse und große Resonanz. Ehemalige, die erste nennenswerte Karriereschritte vorzuweisen haben, die ihre ersten Schritte im Berufsleben erfolgreich gemeistert und die ersten Sprossen der Karriereleiter erklommen haben, erfreuen sich einer ausgeprägt hohen Attraktivität bei Studierenden. Mit Ehemaligen können sich die Studierenden gut vergleichen (»Der oder die Ehemalige war früher in derselben Rolle wie ich als Studierende:r!«), Studierende können zu (erfolgreichen) Ehemaligen aufblicken und sich diese zum Vorbild nehmen (»Wenn sie es geschafft haben, kann ich das auch schaffen!«). Vorträge von Alumni eröffnen die Möglichkeit, die Arbeitgebermarke bei Studierenden zu platzieren, einen ersten Blick hinter die Kulissen des Unternehmens zu ermöglichen und das Unternehmen durch (möglichst faszinierende) Fallbeispiele vorzustellen und attraktiv zu präsentieren.

Alumni-Mentor:innen – Ehemalige beraten und begleiten

Viele Studierende schätzen die Beratung und Förderung durch eine:n Mentor:in. Mentoring-Programme werden entweder von den Hochschulen angeboten und betreut oder aber direkt von Unternehmen initiiert, die derartige Programme in Eigenverantwortung konzipieren. Wenn es sich um Mentoring-Programme von Hochschulen handelt, wenden sich Unternehmen an die für das jeweilige Programm verantwortlichen Ansprechpartner:innen der Hochschule und benennen verbindlich Mitarbeiter:innen, die sich als Mentor:innen zur Verfügung stellen. Die Vernetzung der Mentoring-Partner:innen, d.h. von Mentor:in und Mentee, übernimmt dann in einem nächsten Schritt die Hochschule. Die inhaltliche Ausgestaltung, Intensität und zeitliche Dauer der Betreuung wiederum obliegt meistens allein den Mentoring-Partner:innen. Wenn es sich um Mentoring-Programme von Unternehmen handelt, gehen Unternehmen mittels Mitarbeiter:innen und HR-Teams proaktiv mittels »Active Sourcing« auf Studierende zu, werben für ihr Mentoring-Programm und vernetzen Alumni, die in ihrem Unternehmen tätig sind, mit vielversprechenden Studierenden.

Learning

»Studierende vertrauen ihrer Peer Group, ehemalige Studierende derselben Hochschule gehören zu einer der wichtigsten Einflussgrößen, auf die Studierende hören.« statt »Studierende erreicht man allein über Social Media – und Alumni agieren in einer Parallelwelt.«

Chancen

- Die Zusammenarbeit mit Alumni, die bereits erste bedeutende Karriereschritte vorzuweisen haben und bezüglich Kultur sowie Mindset zum nach Talenten suchenden Unternehmen passen, eröffnet Arbeitgebern einen vertrauenswürdigen Kommunikationskanal zu den Talenten der Zukunft.

Herausforderungen

- Die Identifikation und die Ansprache von Alumni, die zur eigenen Arbeitgebermarke und zu den entsprechenden Studierenden passen sowie zwischen diesen Parteien vermitteln bzw. diese zusammenführen, bedarf einer dezidierten HR-Strategie.

Fazit

- Die Glaubwürdigkeit und Attraktivität erfolgreicher Alumni ist seitens Studierender ausgesprochen hoch und sollte als Instrument im Campus-Recruiting auf keinen Fall unterschätzt bzw. vernachlässigt werden.

3.3.40   Timing – der perfekte Moment für Campus-Recruiting-Maßnahmen

Die Wahl des richtigen Zeitpunkts aller zuvor beschriebenen Maßnahmen ist entscheidend für eine erfolgreiche Campus-Recruiting-Kampagne im Rahmen des Hochschulmarketings. Das Timing sollte sorgfältig auf die jeweilige Maßnahme abgestimmt sein, um optimale Ergebnisse zu erzielen.

Hier dienen einige Beispiele zur Veranschaulichung, inwiefern der richtige Zeitpunkt bei verschiedenen Campus-Recruiting-Maßnahmen eine elementare Rolle spielt:

- **Stipendienvergabe – tue Gutes und sprich vor Semesterbeginn darüber**
  Wer als Arbeitgeber ein Stipendium anbieten möchte, sollte dies kurz vor Beginn eines neuen Semesters angehen. Auf diese Weise erlangt man die Aufmerksamkeit der Studierenden, die sich gerade auf das kommende Semester vorbereiten. Durch die Veröffentlichung von Stipendien zum richtigen Zeitpunkt steigert man die Chancen, dass qualifizierte Kandidat:innen sich dafür bewerben.
- **Kampagnen – zu Anfang und Ende des Semesters findet man wenig Gehör**
  Wer als Arbeitgeber Studierende erreichen möchte, sollte ein paar Wochen nach Beginn eines neuen Semesters abwarten, um die Studierenden in ihren gewohnten Rhythmus starten zu lassen. Zugleich sollte man von Kommunikationskampagnen zum Semesterende Abstand nehmen, da sich die Studierenden hier fast ausschließlich um ihre Prüfungsvorbereitungen kümmern. Vor allem Studierende höherer Semester sind von besonderem Interesse für die Ansprache seitens der Unternehmen, da viele Studiengänge ein Pflichtpraktikum vorgeben. Der richtige Zeitpunkt in der Kommunikation mit den Studierenden steigert die Chancen, dass sie sich für ein Praktikum oder eine andere Art der Zusammenarbeit entscheiden.
- **Events – im letzten Semester beginnt die Jobsuche**
  Das Timing für die Teilnahme an Karrieremessen und Veranstaltungen ist ebenfalls entscheidend. Es ist wichtig, dass diese Veranstaltungen zu einem Zeitpunkt stattfinden, an dem Studierende und Absolvent:innen aktiv auf der Suche nach beruflichen Möglichkeiten sind, d. h. bspw. während der Thesis-Zeit und im letzten Bachelor- (6. Semester) bzw. Master-Semester (4. Semester). Durch die Teilnahme an solchen Veranstaltungen zum richtigen

Zeitpunkt erhöhen Unternehmen die Wahrscheinlichkeit, dass sie das Interesse qualifizierter Kandidat:innen wecken.

Durch den »perfekten Moment« der Campus-Recruiting-Instrumente können Effektivität und Erfolg dieser Maßnahmen deutlich gesteigert werden. Daher sollten der akademische Kalender, die Bedürfnisse der Studierenden und der Kontext des Hochschuljahres berücksichtigt werden, um die besten Recruiting-Ergebnisse zu erzielen (Kay 2023).

4 Zukunft – Chancen im Recruiting

Die Ansprache von Talenten der Generation Z stellt Unternehmen im Rahmen von Campus-Recruiting und Hochschulmarketing bereits jetzt vor die Herausforderung eines Umdenkens. Allerdings handelt es sich dabei nicht um die einzige Herausforderung für Arbeitgeber, denn bereits jetzt zeichnet sich die schnelle Weiterentwicklung des Hochschulmarketings ab. Und zugleich steht ebenfalls die Zielgruppe der Generation Alpha in den Startlöchern, sodass sich Personalverantwortliche schon jetzt, d.h. so früh wie möglich, auch mit dieser Zielgruppe auseinandersetzen sollten.

Die Entwicklungen im Hochschulmarketing und die Charakteristika der Generation Alpha werden daher im Folgenden detailliert beleuchtet.

4.1 Die Zukunft von Campus-Recruiting und Hochschulmarketing

Campus-Recruiting und Hochschulmarketing sind zwar ein noch recht neues Instrument im Personalwesen, gleichwohl entwickeln sie sich bereits jetzt bemerkenswert schnell. Angesichts der teils großen Unterschiede bei den Ansichten und Einstellungen gegenüber der Arbeit, die vielen Missverständnissen zwischen den Talenten der Generation Z und Arbeitgebern zugrunde liegen (siehe Abbildung 33), sollten die folgenden richtungsweisenden Entwicklungen und Trends in Campus-Recruiting und Hochschulmarketing sowie während des gesamten Bewerbungs- und Rekrutierungsprozesses von Arbeitgebern beachtet werden:

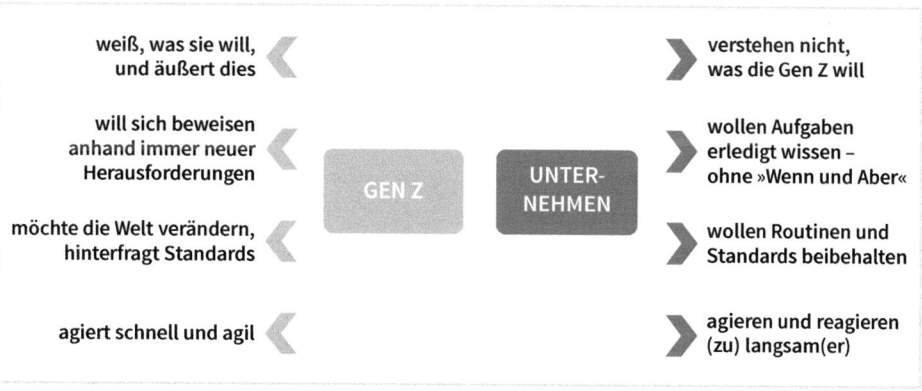

Abb. 33: Unterschiede und Unverständnis zwischen Talenten und Arbeitgebern (Quelle: Terstiege 2023)

4.1.1 Grundlagen

Marktforschung – den Erwartungen von Studierenden auf den Grund gehen
Arbeitgeber sollten strategische Instrumente aus Marketing und Vertrieb für ihr Recruiting übernehmen. Hier kommt der Marktforschung eine entscheidende Bedeutung zu. Denn mittels Marktforschung können im Vorfeld des Entwickelns einer HR-Rekrutierungsstrategie sowohl die Erwartungen und Interessen der Studierenden als auch das Image des Unternehmens als Arbeitgeber aus der Perspektive der Studierenden hinterfragt werden. Gespräche mit einzelnen Studierenden und Diskussionen mit Gruppen von Studierenden legen deren Ansprüche und Wünsche hinsichtlich des »Traumjobs« und »idealen Arbeitgebers« offen. Durch sog. »Desk Research« zu dieser Zielgruppe, d.h. der Analyse von Artikeln, Interviews oder Studien zu Studierenden, die u.a. Forschungsinstitute oder Beratungsunternehmen veröffentlichen, können ebenfalls Insights zu den Talenten gewonnen werden (Index Agentur 2023b).

Medien mixen – analoge und digitale Kanäle nutzen und vernetzen
Das Rekrutieren von Studierenden muss kommunikativ breit gefächert erfolgen, on- und offline. Um Studierende möglichst jederzeit und überall zu erreichen, ist ein Multimediamix notwendig, zu dem Social Media und Networks, aber auch Printmedien gehören. Onlinewerbung wird oftmals als eher aufdringlich empfunden, zudem nimmt die Aufmerksamkeitsspanne bzw. Konzentrationsfähigkeit der Zielgruppe ab. Gut gestaltete Printwerbung hingegen kann bei derselben Zielgruppe wirken, da man mehr Ruhe hat, um sie zu betrachten, und zudem freier entscheiden kann, wie viel Aufmerksamkeit man dem Medium schenkt. Wichtig ist eine möglichst breite Streuung über Multi Channel Postings von Anzeigen für Vakanzen, da mit wenigen Klicks alle wichtigen Kanäle in diesem Bereich abgedeckt sind (Personalblogger 2022).

Daten als neues HR-Gold – mit KI und Big Data Talente identifizieren
Digitale und KI-basierte HR-Instrumente steigern die Effizienz im (Campus-)Recruiting, da bspw. sog. »Sourcing Tools« Netzwerke, Plattformen und Datenbanken nach bestimmten Bewerberkriterien screenen und dementsprechend passende Kandidat:innen herausfiltern.

4.1.2 Ansprache

Hipness – Arbeitgeber treten mit »instagrammable« Marken auf
Unternehmen aus Branchen, die auf den ersten Blick für Studierende etwas weniger attraktiv wirken, suchen sich Kooperationspartner, die die Aufmerksamkeit der Studierenden leicht(er) auf sich ziehen – bspw. plant ein Versicherungsdienstleister einen gemeinsamen Stand mit einem »hippen« Hersteller einer nachhaltigen Limonade oder ein Unternehmen für Antriebstechnik tritt auf einer Hochschulmesse gemeinsam mit einer »instagrammable« Smoothie-Marke auf.

Initiative – Vorgesetzte werben proaktiv und direkt um Talente

Oder vielmehr: Sie bewerben sich bei den Talenten von heute und morgen. In den Sozialen Netzwerken – und hier vor allem auf LinkedIn – sieht man vermehrt Posts von Vertreter:innen des Management-Levels von Unternehmen, die proaktiv Talente ansprechen. Sie werben nicht nur um Talente, sie »bewerben« sich bei Talenten. Diese Posts gehen weit über das Darstellen von Unternehmenscharakteristika oder -vorteilen hinaus, denn hier geht es tatsächlich um Manager:innen, die Studierende auffordern, direkt mit ihnen in Kontakt zu treten, und die dabei sich selbst als Team-Leads und potenzielle Vorgesetzte beschreiben. Der (Erst-)Kontakt erfolgt hier nicht mehr über die Personalabteilung, sondern unmittelbar zwischen möglichen Vorgesetzten, die um Talente werben, und zukünftigen Mitarbeiter:innen, die sich ihre Arbeitgeber und Vorgesetzten aussuchen können.

4.1.3 Bewerbung

Aufstöbern – Active Sourcing überzeugt durch gezielte Proaktivität

Immer mehr Arbeitgeber gehen proaktiv auf Kandidatensuche, um u.a. Student:innen und Absolvent:innen (sowie wechselbereite Arbeitnehmer:innen, die unzufrieden in ihrem Job sind), auf sich aufmerksam zu machen. Dabei sollte unbedingt auf Standardnachrichten verzichtet werden, stattdessen zählt der personalisierte und individuelle Kontakt. Unternehmen gehen mittels Active Sourcing gezielt auf Talente zu und sprechen diese individuell über Plattformen wie LinkedIn an. Um Talente, die sich bislang nicht explizit beworben haben, zu identifizieren und anzusprechen, sind digitale Instrumente nützlich, die bspw. anhand von Algorithmen das Internet nach möglichen Kandidat:innen durchsuchen.

Mobilität – Mobile Recruiting bewegt sich mit Studierenden

Die meisten Studierenden kommunizieren und konsumieren heutzutage mobil. Daher ist der mobile Zugriff auf Stellenanzeigen ein »Must«, er vereinfacht den Bewerbungsprozess grundlegend. So können durch Apps bspw. Karriere- und Lebenslaufprofile aus Business-Netzwerken wie LinkedIn unkompliziert an eine Bewerbung angehängt werden.

Bots – Robot Recruiting ermöglicht 24/7-Kommunikation

Bots und Chatbots sind Unterstützer im gesamten Rekrutierungsprozess – so nutzt man Bots bspw. beim Abgleich von Kandidaten- und Stellenprofilen (dem sog. »Matching«) und dem Erstellen eines entsprechenden Rankings sowie beim Vergleich von Kandidatenvorschlägen als Entscheidungsgrundlage für das HR-Team. Chatbots hingegen unterstützen im Personalmarketing bspw. in Form von Apps, mittels derer Arbeitgeber mit Bewerber:innen chatten, erste (Standard-)Fragen beantworten und so 24/7 für die Talente erreichbar sind. Aufgrund des stetigen Lernprozesses dieser KI bietet der Einsatz von (im Sinne einer perfekten »Candidate Journey«) reibungslos funktionierenden Bots dem HR-Team ein großes Maß an Zeitersparnis und beschleunigt den Bewerbungsprozess.

Nahbarkeit – Social Media Recruiting schafft Nähe
Durch die Ansprache von Talenten über Instagram oder TikTok wirken Arbeitgeber deutlich nahbarer und auch digital kompetenter – sowohl im Hinblick auf die Darstellung der Arbeitgebermarke mittels Social Media als auch auf die direkt-persönliche Ansprache (Active Sourcing) von Talenten.

Vakanzen – Soziale Medien ergänzen Jobportale
Die Darstellung der Arbeitgebermarke, die Kommunikation offener Stellen und die Ansprache von interessanten Kandidat:innen mittels YouTube, Instagram und TikTok ergänzt die eher traditionellen Jobportale wie Stepstone und Indeed – der Aufruf »Bewerbt euch« ist via Social Media deutlich wirkungsvoller.

Tempo – Geschwindigkeit ist von Vorteil
Um Bewerbungen möglichst effizient zu bearbeiten und so den Bewerber:innen möglichst früh ein erstes Feedback geben zu können, sollten Unternehmen digitale Instrumente im Bewerbungsprozess einsetzen, wie Analyseprogramme zur Vorauswahl von Kandidat:innen.

Tradition – auf das klassische Anschreiben wird verzichtet
Die wiederholte Darstellung des Lebenslaufes in Fließtextform und vor allem generische Textpassagen wie »Mit großem Interesse habe ich gelesen …« oder »Meine herausragenden Soft Skills sind Teamgeist, Durchsetzungskraft und …« sind austauschbar und sagen wenig über die jeweiligen Kandidat:innen aus. Daher kann seitens der Unternehmen durchaus auf (nichtssagende) Anschreiben verzichtet werden.

Treiber – Motivationsschreiben ersetzen Anschreiben
Eine kurze Darstellung, warum man sich als Kandidat:in genau für diesen Job in genau diesem Unternehmen bewirbt und warum man als Kandidat:in glaubt, bestens zu diesem Arbeitgeber zu passen, sagt deutlich mehr über die Bewerber:innen aus als ein Standardanschreiben.

CV – auf den klassischen Lebenslauf wird verzichtet
Die klassische Darstellung der bisherigen Lebensstationen der Bewerber:innen verliert mehr und mehr an Bedeutung, das akribische Aufzählen von Jahreszahlen und Tätigkeiten hat nur bedingt einen Mehrwert – ersetzt wird der CV durch bereits vorhandene Social-Network-Profile.

Netzwerke – LinkedIn-Profile ersetzen den CV
Um den Studierenden das Bewerben so einfach wie möglich zu machen, bieten immer mehr Unternehmen das Hochladen eines Social-Network-Profils an, das die Studierenden bereits auf XING oder LinkedIn angelegt haben und nutzen.

Stromlinienform – auf lineare Lebensläufe wird wenig(er) Wert gelegt
Nur Studierende, die von der Grundschule über das Gymnasium bis zum Studium linear und »stromlinienförmig« ihren Weg gegangen sind, waren bislang gern gesehen; mittlerweile aber

gibt es diese Art von Lebenslauf immer seltener und zudem interessieren sich viele Arbeitgeber für Lebensläufe, die eben nicht linear-geradlinig sind, und die Talente dahinter.

Disruption – »gebrochene« Lebensläufe gewinnen an Attraktivität

»Edgyness is King!« Die Zeiten, in denen ein Wechsel des Studienfachs oder der Abbruch eines Praktikums KO-Kriterien im Bewerbungsprozess waren, sind vorbei – »edgy« Talente mit »Ecken und Kanten«, einer Meinung und Haltung gewinnen an Bedeutung.

Bewegtbild – Videos erleichtern die Bewerbung

Ein weiteres Instrument, das den Bewerbungsprozess erleichtert, sind Videos, mit denen die Bewerber:innen sich innerhalb weniger Minuten vorstellen – für die Studierenden ist dieses Bewegtbildmedium Standard, es verlangt wenig Aufwand, ist unkompliziert und lässt den Arbeitgeber aufgeschlossen, up to date und digitalaffin wirken.

Standards – Standard-E-Mails haben ausgedient

E-Mails mit 08/15-Texten haben ausgedient, in der gesamten Kommunikation entlang des Bewerbungsprozesses erwarten die Studierenden eine individuelle Ansprache, die sich auf sie persönlich als Bewerber:in und Kandidat:in bezieht – ein Zeichen des Ernstnehmens und der Wertschätzung seitens des potenziellen Arbeitgebers.

4.1.4   Kennenlernen

Geschwindigkeit – schnell entscheiden

Die Studierenden erwarten, dass die Entscheidung für oder gegen ein Kennenlernen mit ihnen als potenziellen Mitarbeiter:innen schnell und unkompliziert erfolgt, sodass Unternehmen bspw. eine Rückmeldung zu Interviewterminen und auch der Bewertung dieser Gespräche nicht erst nach Wochen geben sollten – so kann auch das Ghosting (Bewerber:innen »tauchen ab« und melden sich trotz erster Gespräche nicht mehr bei Unternehmen) der Kandidat:innen verhindert werden (siehe Abbildung 34).

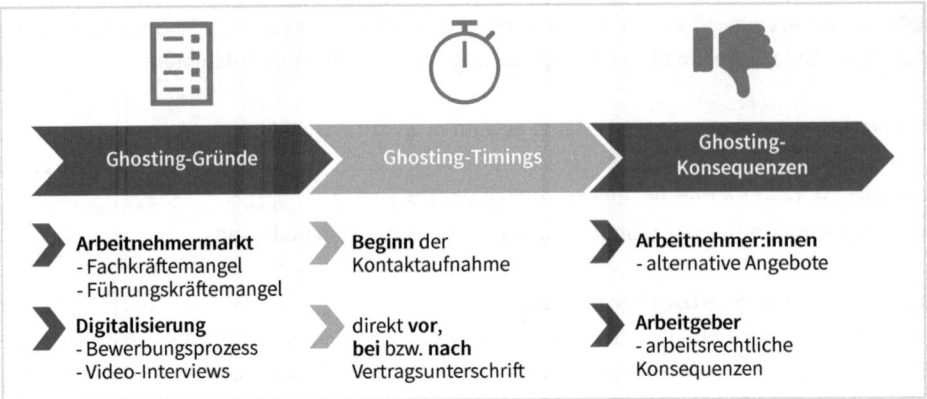

Abb. 34: Ghosting im Bewerbungsprozess mit den Talenten der Generation Z (Quelle: Terstiege 2023)

Hauptdarsteller:innen – Interviews mit den wichtigsten Akteur:innen

Ein Gesprächstermin mit Vertreter:innen des HR-Teams, mit den zukünftigen Vorgesetzten sowie den zukünftigen Kolleg:innen entspricht voll und ganz den Erwartungen der Studieren-den – nicht mehr akzeptiert werden an mehreren Terminen geführte und aufeinanderfolgende Interviews, nur weil die Unternehmensvertreter:innen keinen gemeinsamen Termin zugunsten des Kandidaten bzw. der Kandidatin haben finden können (oder wollen).

Verwirrung – unsinnige Fragen sind ein »No-Go«

Bewusst verwirrende Fragen an Kandidat:innen wie »Wie würden Sie reagieren, wenn plötzlich ein Pinguin in ihrem Eisschrank ist?« sind ein absolutes »No-Go«, sie dienten in den 1980er- und 90er-Jahren u. a. dazu, die Spontaneität und Kreativität der Kandidat:innen zu testen oder auch dazu, Stress aufzubauen und so die Widerstandsfähigkeit der Bewerber:innen zu prüfen – heu-te macht man sich als Arbeitgeber damit eher lächerlich.

Herausforderung – Stressinterviews sind kein Zeichen von Wertschätzung

Gespräche, die dramaturgisch derart konzipiert sind, dass sie Irritation und Unsicherheit bei Kandidat:innen hervorrufen, zeigen althergebrachte Hierarchiegefüge, »Master and Servant Mindset« und definitiv keine Wertschätzung, sondern ausschließlich Geringschätzung – heute bringen eher die Fragen einiger Bewerber:innen die potenziellen Vorgesetzten aus dem Gleich-gewicht.

Check – Assessment Center werden zu Chemistry Meetings

Ein- oder sogar mehrtägige Veranstaltungen, während derer die Kandidat:innen kritisch be-äugt und »auf Herz und Nieren« (inklusive Allgemeinbildung und Tischmanieren) geprüft und getestet werden, sie vor dem und für den zukünftigen Arbeitgeber »performen« müssen, ent-wickeln sich zu ganztägigen und ungezwungenen Treffen – man lernt sich kennen, beschnup-pert sich intensiv, spielt Frage-Antwort-Ping-Pong und trinkt zum Abschluss gemeinsam einen (alkoholfreien) Gin Tonic.

Begründung – unpersönliche Absagen treffen auf Unverständnis
Nichtssagende 08/15-E-Mails, in denen Kandidat:innen eine Absage mitgeteilt wird, kann sich kaum ein Unternehmen mehr erlauben, denn diese finden als Social Media Post extrem schnell ihren Weg in die Sozialen Medien und in die Netzwerke – und »negative Weiterempfehlung« sollte man angesichts des Fachkräftemangels unbedingt vermeiden.

4.1.5   Verhandlung

Geld – Vergütung ist keine Nebensache
Die Studierenden und Absolvent:innen legen zwar Wert auf Themen wie Work-Life-Balance und gelebte Diversität, nichtsdestotrotz sind sie nicht naiv, dafür durchaus anspruchsvoll und realistisch – sie verlangen ein Gehalt, das ihnen gegenüber Wertschätzung ausdrückt und ihnen zugleich den (aus dem Elternhaus gewohnten) Lebensstandard sichert.

Know-how – Kompetenzaufbau ist ein »Must«
Fortbildung und Weiterbildung sind selbstverständliche Benefits, die Talente als Standardangebot von Arbeitgebern voraussetzen – bloß kein Stillstand, immer lern- und somit anpassungsfähig sein, so lautet ihre Devise.

Out of office – Remote Work ist eine Selbstverständlichkeit
Ebenso selbstverständlich sind die ehemaligen Benefits Homeoffice und Remote Work, die mittlerweile so normal sind, dass man als Arbeitgeber darauf verzichten sollte, sie als »besondere Benefits« auszuschreiben – außergewöhnlich ist am Homeoffice nichts mehr.

Einfluss – starre Hierarchien schrecken ab
Die Talente von heute und morgen wollen Mitspracherecht. Sie wollen unabhängig von Hierarchien und der eigenen Stellung nicht nur mitdenken, sondern auch mitreden, mitdiskutieren und so schnell wie möglich mitbestimmen – sie warten nicht bis zur (über)nächsten Beförderung, um den Mund aufzumachen und ihre Meinung kundzutun.

Konkurrenz – Ellenbogenmentalität verschreckt
Unternehmenskulturen, die von Wettbewerb, Wettkampf und Rivalität unter den Mitarbeitenden geprägt sind, treffen bei Studierenden und Absolvent:innen auf wenig Verständnis – althergebrachte, hormonell aufgeladene und testosterongeschwängerte Haifischbecken im Business finden sie extrem unattraktiv.

Empathie – Mensch im Mittelpunkt
Studierende wollen nicht als Mitarbeiter:innen, sondern als Menschen gesehen werden – und schon gar nicht als Ressource, daher benennen sich seit geraumer Zeit viele HR-Abteilungen um. Aber Vorsicht, die Talente beobachten das kritisch und erkennen gegebenenfalls recht

schnell, ob es sich bei der (gerade umbenannten) Abteilung »People & Culture« um einen Etikettenschwindel handelt.

Förderung – Mentor:innen sind »Key«

Talente wollen lernen, im Idealfall nicht nur im Rahmen von Trainings, sondern von erfahreneren Mitarbeiter:innen, die ihren Erfahrungsschatz und ihr Fachwissen mit ihnen teilen – Mentor:innen sind das perfekte Instrument vom Onboarding bis zur Mitarbeiterbindung.

Treiber – Spaß an der Arbeit und Karriere schließen einander nicht aus

Viele Arbeitgeber müssen lernen zu verstehen, dass die Studierenden und Absolvent:innen beides wollen und auch können, sie sind spaßorientiert und leistungsorientiert zugleich – mit Freude seinen Job zu erledigen und dabei auch noch überdurchschnittliche Leistung zu zeigen, bedingen einander.

Alternativen – Probeprojekt statt Probezeit

Um vielversprechenden Bewerber:innen die Entscheidung zu erleichtern, ist das Verzichten auf die gängige Probezeit von sechs Monaten ein mehr als probates Mittel – das Kürzen der Probezeit auf bspw. drei Monate oder der Verzicht auf die Probezeit zugunsten eines (überschaubaren und zugleich aussagekräftigen) Probeprojekts, das Bewerber:innen vor der Vertragsunterschrift meistern müssen, schafft Sicherheit und reduziert die Ängste der Studierenden.

4.1.6 Einarbeitung

Relevanz – Einarbeiten baut Bindung auf

Die Phase des sog. »Onboardings« ist von unschätzbarem Wert, da sie vom ersten Tag an die Bindung neuer Mitarbeiter:innen in der Organisation stärkt. Daher ist dieses Instrument entscheidend, um positive Erfahrungen für Talente als Berufseinsteiger:innen zu schaffen und so eine langfristige Beziehung zu diesen Mitarbeiter:innen aufzubauen. Die Bedeutung eines professionellen und zugleich sympathischen sowie wertschätzenden Onboardings ist der Schlüssel, um Studierende erfolgreich in die Organisation zu integrieren. Es ist die Phase, in der sie das Unternehmen und seine Kultur kennenlernen, sich mit den Abläufen vertraut machen und eine Bindung zu ihren neuen Kolleg:innen und Vorgesetzten aufbauen. Personalverantwortliche sollten daher sicherstellen, dass alle Onboarding-Instrumente nahtlos und effizient ablaufen und funktionieren. Der gesamte Prozess von der Annahme des Jobangebots bis zur Integration des Talents in das Team sollte diesem dabei ein Gefühl der Zugehörigkeit und Wertschätzung vermitteln. Eine transparente Mitarbeiterkommunikation, das Bereitstellen relevanter Informationen für die Berufseinsteiger:innen und die Schaffung einer positiven Einführungsumgebung im Job sind dabei entscheidend. Eine durchdachte und strukturierte Einarbeitung gibt den Talenten das Gefühl, willkommen zu sein, und ermöglicht ihnen den bestmöglichen Start in ihre berufliche Karriere.

Software – IT unterstützt HR

Zur Unterstützung eines professionellen und ganzheitlichen Onboarding-Prozesses bietet eine entsprechende Einstellungssoftware Funktionen für einen reibungslosen Ablauf. Sobald die Student:innen bspw. das Angebotsschreiben akzeptieren, wird der Status automatisch auf »eingestellt« geändert, die Software versendet automatisch eine Willkommens-E-Mail und fordert die nötigen Dokumente für den Verifizierungsprozess an. Zudem ermöglicht die Onboarding-Funktion einer solchen Software den neuen Mitarbeiter:innen, per E-Mail Informationen über das Unternehmen, die Ansprechpartner:innen und ihre Rollen zu erhalten.

Talent-Management – Strategien für Studierende

Um Talente nicht nur zu gewinnen, sondern auch zu halten, ist ein professionelles Talent-Management zu empfehlen, sodass Studierende, die ein Praktikum oder eine Werkstudententätigkeit absolvieren, und Absolvent:innen, die direkt in den Job einsteigen, vom ersten Tag der Zusammenarbeit an begleitet und entwickelt werden – das Rekrutieren von zukünftigen Fach- und Führungskräften ist eine strategische Aufgabe des Managements (siehe Abbildung 35).

Abb. 35: Aufgaben des Talent-Managements (Quelle: Terstiege 2023)

Würdigen – Zelebrieren neuer Mitarbeiter:innen

Der erste Tag von neuen talentierten Mitarbeiter:innen sollte professionell vorbereitet werden, damit sich die Talente von Anfang an nicht nur wohl-, sondern auch wertgeschätzt fühlen – das Willkommenheißen durch Vorgesetzte und Teamkolleg:innen, der perfekt ausgestattete Arbeitsplatz am ersten Arbeitstag (plus »Goodies« wie Blumen oder Süßigkeiten) stellen zudem den idealen Content für Social Media Posts im Sinne eines Employer Branding dar.

Verbindlichkeit – Versprechungen einhalten

Bereits in den ersten Wochen zeigt sich, ob die (teils nur mündlichen) Versprechungen seitens des Arbeitgebers ernst gemeint oder »nur so dahingesagt« und unverbindlich waren (z. B. Homeoffice, Vereinbarkeit von Freizeit, Familie und Beruf oder perspektivische Weiterentwicklung) (siehe Abbildung 36) – jüngere Arbeitnehmer:innen vergessen häufig, ihnen wichtige Themen vertraglich und somit verbindlich zu vereinbaren, Arbeitgeber sollten sich dessen bewusst sein und dies nicht ausnutzen, ansonsten kündigen die (enttäuschten) Talente sehr schnell.

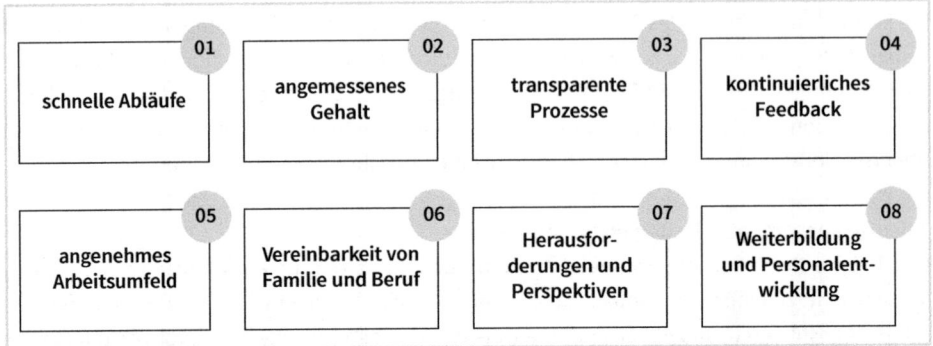

Abb. 36: Kennzeichen der erfolgreichen Rekrutierung von Talenten der Generation Z (Quelle: Terstiege 2023)

Gestalten – Projektverantwortung für Junior:innen
Die Absolvent:innen und Talente sind es gewohnt, mitzureden und mitzuentscheiden, im Berufsleben wollen sie bei diesen Rechten und Freiheiten keine Abstriche machen – Arbeitgeber sollten ihren Nachwuchsführungskräften möglichst frühzeitig eigenverantwortliche Projekte geben, durch die sie sich ausdrücken und an denen sie zugleich wachsen können.

Führen – Personalverantwortung für Junior:innen
Einige Arbeitgeber versuchen, Talente zu binden, indem sie ihnen relativ früh Personalverantwortung geben, bspw. für Praktikant:innen oder als Projektverantwortliche für Teams – diese Maßnahme »pampert« das Ego der Talente, während Arbeitgeber dadurch die Möglichkeit haben, die »Soft Skills« der neuen Mitarbeiter:innen einzuschätzen.

Aufwärts – Beförderung als Wertschätzung
Ein weiteres Instrument zum Binden von Talenten ist deren frühzeitige Beförderung, bspw. indem man Mitarbeiter:innen bereits kurz oder direkt nach der Probezeit vom Junior-Level auf das Medium-Level befördert oder sie als »Team-Lead« positioniert (selbst wenn es sich nur um ein zweiköpfiges Team handelt) – auch diese Maßnahme ist Balsam für das Ego der neuen Mitarbeiter:innen, Arbeitgeber hingegen haben dabei eventuell das Problem, derartige Beförderungen intern begründen zu müssen, insbesondere gegenüber erfahreneren Mitarbeiter:innen.

Technik – zeitgemäße IT als Voraussetzung
Die Talente der Generation Z sind als »Digital Natives« aufgewachsen, mit Internet, Smartphone, Tablet und Apps, daher erwarten sie eine entsprechende Ausstattung ihres Arbeitsplatzes – Arbeitgeber, die ihre Nachwuchsführungskräfte nicht mit Laptop oder Diensthandy bzw. mit veralteten Tech-Geräten ausstatten, sind für jüngere Mitarbeiter:innen wenig attraktiv.

Verpflegung – Essen und Trinken als Brennpunkt

Als ein weiteres Zeichen der Wertschätzung und als Instrument, damit die Nachwuchskräfte sich wohlfühlen, kommt der Verpflegung mittlerweile eine große Bedeutung zu, bspw. kostenfreiem Wasser, Tee und Kaffee, Obst und Snacks sowie einer (kostengünstigen) Kantine, die auch vegetarische und vegane Gerichte anbietet – Absolvent:innen und Talente erwarten deutlich mehr als (veraltete) Kaffeeautomaten, den »Schnitzel-Tag« oder Currywurst.

4.1.7   Nachbereitung

Analyse – Wissen um Stellhebel und Optimierung

Um den Erfolg der Campus-Recruiting-Maßnahmen und -Instrumente bewerten zu können, ist das vorherige Bestimmen und das kontinuierliche Messen von Rekrutierungsmetriken notwendig. Durch das Erheben von Rekrutierungskennzahlen zum Talent-Management und Campus-Recruiting kann die Effizienz des gesamten Prozesses gemessen werden. Darüber hinaus ermöglichen Rekrutierungs-KPIs, einen datengesteuerten Prozess zu implementieren, um die Rekrutierung der Studierenden kontinuierlich zu verbessern und anzupassen. Die gewählten Metriken sollten eng mit den Rekrutierungszielen des Talentakquisitionsprozesses des Unternehmens abgestimmt sein. Indem man den Erfolg des Onboarding-Programms misst und überwacht, lässt sich sicherstellen, dass Studierende erfolgreich in ihre Rolle starten und sich als Talente im Unternehmen willkommen fühlen (Mathews 2023).

Kennzahlen – Bestimmen des zu Erreichenden

Das Messen des Erfolgs von Campus-Recruiting und Hochschulmarketing ist entscheidend, um die Wirksamkeit dieser Strategien zu bewerten und kontinuierlich zu verbessern. Im Folgenden finden sich daher Beispiele für wichtige Kennzahlen, die bei der Messung des Erfolgs von Campus-Recruiting-Maßnahmen hilfreich sind (Baik 2022):

- **Gesamtzahl der Einstellungen von jedem Campus**
  Diese Kennzahl gibt Auskunft darüber, wie viele Studierende und Absolvent:innen aufgrund von Campus-Recruiting-Maßnahmen eingestellt wurden und wie effektiv die Bemühungen sind, Talente von bestimmten Hochschulen zu gewinnen.
- **Interview-zu-Angebot-Verhältnis**
  Diese Metrik gibt an, wie viele der interviewten Kandidat:innen ein Jobangebot erhalten haben. Ein niedriges Verhältnis könnte darauf hinweisen, dass die Auswahlverfahren optimiert werden müssen, um die richtigen Kandidat:innen auszuwählen und die Effizienz des Prozesses zu verbessern.
- **Angebotsannahmequote**
  Diese Kennzahl gibt an, wie viele der Kandidat:innen, denen ein Jobangebot gemacht wurde, dieses auch angenommen haben. Eine hohe Angebotsannahmequote zeigt, dass die angebotenen Positionen attraktiv sind und das Interesse der Kandidat:innen wecken.
- **Bindungsraten von Neueinstellungen**
  Diese Metrik misst, wie lange neue Mitarbeiter:innen im Unternehmen bleiben, und gibt

Aufschluss darüber, ob die Rekrutierungs- und Onboarding-Prozesse effektiv sind. Eine hohe Bindungsrate zeigt, dass die eingestellten Talente erfolgreich integriert werden und gegebenenfalls eine langfristige Beziehung zu ihrem Arbeitgeber aufbauen können.

4.1.8 Ausland

International – Rekrutierung ausländischer Fachkräfte
Campus-Recruiting und Hochschulmarketing im Ausland sind weitere Möglichkeiten im Rahmen einer Personalstrategie. Das kann für Unternehmen und Arbeitgeber interessant sein, die bspw. an Nachwuchsfachkräften im IT-Bereich aus China oder Indien interessiert sind. Dabei sind jedoch kulturelle Besonderheiten in den jeweiligen Regionen zu beachten (Karrierebibel 2023).

4.2 Die HR-Zielgruppe der Zukunft – Generation Alpha

Nach den Talenten der Generation Z steht nun jedoch schon die Generation Alpha bereit, die Kinder der Millennials. Und die Generation Alpha ist die erste Generation, die vollständig im 21. Jahrhundert aufwächst. Ihre Mitglieder wachsen aber nicht nur anders auf, sie starten auch anders, denn sie sind u. a. groß geworden mit dem Apple iPad und Tablets, Unmengen an Apps und Plattformen wie TikTok, YouTube und Instagram – aber auch mit Digitalisierung, politischer Instabilität und dem demografischen Wandel: Im Jahr 2025 wird das letzte Baby der Generation Alpha geboren sein, dann wird diese Generation ca. 2,5 Milliarden Menschen umfassen (HR Monkeys 2023b; Schnetzer 2023).

4.2.1 Charakteristika

Unsicherheit als Grundausstattung und Richtungsgeber
Die Generation Alpha wird weiterhin in einer wenig vorhersagbaren und unsicheren Welt leben. Um hier bestehen zu können, bedarf es ihrerseits diverser Anpassungsstrategien zum Überleben in einem unbeständigen Umfeld. Die Generation Alpha ist daher bereits jetzt durch eine offene, hilfsbereite und empfindsame Wesensart gekennzeichnet, Sensibilität und Empathie sind typisch und auch wichtig für diese Generation. Aufgrund der volatilen Lebensumstände, in denen die Alphas aufwachsen, sind die Themen Gesundheit und Wohlbefinden für sie bedeutsam. Sie verlangen daher nach Lösungen in Form von Produkten und Dienstleistungen, die bspw. ihre Konzentration stärken oder das jeweils Beste für Beruf und Alltag, Familie und Freizeit ermöglichen (Schnetzer 2023).

Tech-Kennzeichen der Alphas
Die Generation Alpha wächst mit einer Vielzahl technologischer Möglichkeiten auf, die auf sie zugeschnitten sind. Gleichzeitig werden Fächer wie Programmierung und Informatik in ihrer

Ausbildung zur Pflicht und die Möglichkeit, MINT-Kompetenzen auszubauen, wird ebenfalls gestärkt. Aufgrund dieser Entwicklungen unterscheidet sich das Verhältnis der Generation Alpha zu Technologie und Technik sehr von dem Verständnis anderer Generationen. Zusätzlich zu ihrer Technikaffinität zeigt sich die Generation Alpha zudem als unternehmens- und abenteuerlustig, ist gerne in der Natur und ist risikofreudig bzw. nimmt sich die Freiheit eines »Trial and Error«, d.h. die Freiheit, sich auch einmal Fehler zu erlauben (Rosenthal 2023; Thies 2020).

Differenzen und Unterschiede zu Zoomern
Obwohl die Generation Alpha so wie jede Generation davor oder vermutlich auch danach keine homogene Gruppe darstellt, teilen ihre Mitglieder gemeinsame Werte und Hintergründe sowohl untereinander als auch mit der Generation Z: Die Generation Alpha wird die am besten ausgebildete und vermutlich auch wohlhabendste Generation sein, die je gelebt hat. Gleichzeitig werden die Themen Aufbegehren, Widerstand und Rebellion zwar eine große Wertigkeit für die Generation Alpha bekommen, aber als rationale und reflektierte Generation wird sie aktiv und engagiert nach Lösungen für Probleme und Schwachstellen in längst etablierten Kategorien suchen. Die Rebellion zugunsten der Nachhaltigkeit ist bei den Alphas demnach nicht darauf ausgerichtet, grundsätzlich disruptiv bestehende Gegebenheiten zu (zer)stören oder aus der Reihe zu tanzen, sondern konzentriert sich auf Optimierung und Erleichterung. Dabei ist für die Identität der Generation Alpha Flexibilität das sog. »New Normal«, kennzeichnend für einen mehr als agilen Alltag und ein Leben, das ständig Veränderungen mit sich bringt. Dies bietet der Generation Alpha die Möglichkeit, problemlos und nahtlos zwischen Stilen und Interessen zu wechseln und sich so (zumindest kurzfristig) auf unterschiedliche soziale oder kulturelle Gruppen einzulassen (Kohler 2022).

Die Alphas sind eine MINT-affine Zielgruppe
Arbeitgebermarken sollten daher versuchen, die Generation Alpha bei der Entwicklung ihrer Fähigkeiten zu unterstützen und bei ihren Ansprüchen hinsichtlich Agilität zu begleiten. Das zeigt im Bereich des Förderns von Fähigkeiten bspw. Amazon mit einem Abonnement-Club rund um MINT-Themen, während das Start-up Joy eine Smartwatch für Kinder entworfen hat, um ihnen neben dem Lesen der Uhr u.a. auch »gute« Angewohnheiten beizubringen, wie Zähne zu putzen oder sich um Haustiere zu kümmern (Müller 2017).

Die Alphas sind »Natural born Techies«
Die Generation Alpha verlangt nach einer zeitgemäßen technischen Ausstattung in der Schule, im Studium und natürlich auch am Arbeitsplatz. Die Alphas beherrschen Technik, bevor sie sprechen können. Die meisten sammeln schon als Kleinkinder erste Erfahrungen mit dem Smartphone oder dem Tablet. Für sie ist die Bedienung dieser Geräte eine Selbstverständlichkeit, sie kennen Smartphones, Tablets, Laptops, Smart TVs, Sprachassistenten und Smartwatches von Kindesbeinen an. »Smart Devices« gehören für die Generation Alpha zur Normalität, genauso wie der Sachverhalt, dass der eigene Haushalt oft bereits mit den neuesten Tech-Geräten ausgestattet ist. Dementsprechend ist eine jederzeit funktionierende technische Infrastruktur für die Generation Alpha ein »Must« (Rosenthal 2023; Thies 2020).

Die Alphas sind geübt im Spagat zwischen Mensch und Maschine
Die Weiterentwicklung dieser Tech-Geräte wird die Arbeitswelt und die Arbeitsinhalte der Generation Alpha kontinuierlich verändern. Während die Generationen X und Y in ihrer Arbeitswelt die Anfänge und Umbrüche des Digitalzeitalters erleben und mitgestalten, erlebt die Generation Alpha in Zukunft ihren Job in einer voll bzw. ausschließlich digitalisierten Arbeitswelt, in der simple, wiederkehrende Arbeiten noch mehr von Maschinen, Computern und Robotern übernommen werden. Dabei ist alles miteinander vernetzt, man tauscht Daten aus und vieles erfolgt insbesondere aufgrund von Künstlicher Intelligenz vollautomatisch. Das führt vor allem zum Wegfall von Jobs, die durch sich wiederholende Aufgaben gekennzeichnet sind. Gleichzeitig treiben die Eltern der Generation Alpha einen Gegentrend zum MINT-Schwerpunkt voran – sie legen Wert darauf, dass ihre Kinder auch die Natur und zudem andere Kulturen bzw. Welten kennenlernen, sie wollen nicht, dass ihre Kinder nur die Tech-Welt kennen (und schätzen), größtenteils vor dem Computer sitzen oder ausschließlich drinnen spielen (Müller 2017).

4.2.2 Arbeit

Die Alphas als Herausforderung für Recruiter:innen
Personalverantwortliche und -entscheider:innen sollten sich daher bereits jetzt auf die Generation Alpha vorbereiten und sich mit den Charakteristika der Alphas auseinandersetzen. Denn die Alphas werden in Kürze den Arbeitsmarkt betreten, und zwar als (Schüler-)Praktikant:innen. Für diesen ersten Kontakt mit den Talenten von (über)morgen sollte man als Unternehmen und Arbeitgeber so früh wie möglich bestens gewappnet sein: Der demografische Wandel arbeitet für die Alphas, sie betreten die Bühne des Arbeitsmarktes zum – voraussichtlichen – Peak des Fachkräftemangels. So werden die Alphas eine Generation von Arbeitnehmer:innen darstellen, die sich (wie die Generation Z) ihres Wertes bewusst in einem Arbeitnehmermarkt bewegt und von den Arbeitgebern proaktiv umworben wird (HR Monkeys 2023b).

Die Alphas in innovativ-intellektuellen Arbeitsfeldern
Die Generation Alpha wird in teils völlig neuen Arbeitsfeldern tätig sein, bspw. im Rahmen der Entwicklung von Strategien oder kreativen Konzepten. Derartige Aufgaben können bis auf Weiteres nur in Teilen bzw. nicht auf anspruchsvollem Level von KI oder Smart Devices übernommen und daher als To Do nur begrenzt an Computer übergeben werden. Die Alphas werden sich daher insbesondere als sog. »Wissensarbeiter:innen« positionieren, deren Potenzial mehr und mehr im Kopf und nicht mehr unbedingt in den Händen steckt (HR Monkeys 2023b).

Die Alphas fördern und fordern eine neue Arbeitskultur
Die durch u.a. Digitalisierung, Generation Z und auch Pandemie entstandene Homeoffice-Kultur stellt für die Alphas als »Wissensarbeiter:innen« eine Selbstverständlichkeit dar. Sie arbeiten in großen Teilen von zu Hause aus und sehen es als normal an, bestimmte Aufgaben von dort aus zu erledigen. Angesichts der mit großer Geschwindigkeit zunehmenden Digitalisierung und der in Zukunft perfekten Vernetzung im Homeoffice wollen und brauchen sie kei-

nen klassischen »9-to-5-Job« im Großraumbüro. Der Realität eines (Großraum-)Büros werden sich die Alphas allerdings stellen müssen, denn so ganz ohne Büro wird es auch in Zeiten von »New Work« nicht funktionieren. Das Büro der Zukunft dient jedoch anderen Zwecken und Nutzungsweisen, so vorrangig allen Aufgaben, die vom Homeoffice nicht zu erledigen sind. Dabei handelt es sich vor allem um kooperative Tätigkeiten wie Workshops, Brainstormings oder anderen Themen, die nach einem gemeinsamen kreativen Arbeiten und Austauschen verlangen (HR Monkeys 2023b; Rosenthal 2023).

Die Alphas schaffen eine neue Bürokultur
Das Büro der Zukunft, das die Alphas nutzen und erleben werden, spiegelt einen Marktplatz-, Foren- oder auch Lounge-Charakter wider. Da das Alpha-Büro der Zukunft vorrangig für den kreativen Austausch gedacht ist, verwandelt es sich in den Dreh- und Angelpunkt des sozialen Austauschs von Mitarbeiter:innen und in einen Treffpunkt, der auch als Wohlfühlort im Business-Kontext zu verstehen ist. Das Ziel der Bürogestaltung ist nicht das Abarbeiten von Aufgaben oder die reine Präsenz der Belegschaft, sondern vielmehr das Fördern von produktiven Gedanken, um Lösungen zu finden (HR Monkeys 2023b; Rosenthal 2023).

Die Alphas können und wollen nicht ohne Wohlbefinden
Die Alphas benötigen aufgrund ihres beruflichen Schwerpunktes auf geistiger bzw. intellektueller Arbeit ein Arbeitsumfeld und Büros, die es ihnen ermöglichen, sich wohlzufühlen und sich so auch gut konzentrieren zu können. Daher nehmen die Büroelemente Ästhetik und Innenausstattung, Licht und Akustik, Klima und Luftqualität an Bedeutung zu, denn sie sind teils elementar, wenn es um die Themen Gesundheit, Zufriedenheit und Wohlbefinden von Mitarbeiter:innen sowie deren produktives Arbeiten geht. Ergonomische Büromöbel, das Vorbeugen von Haltungsschäden durch Stehschreibtische oder auch Entspannungs-, Bewegungs- und Fitnessangebote während oder nach der Arbeit stellen daher für die Generation Alpha eine Notwendigkeit und Selbstverständlichkeit dar (HR Monkeys 2023b; Rosenthal 2023).

Die Alphas arbeiten entsprechend ihrer Bedürfnisse
Zugleich betrachtet die Generation Alpha flexible Arbeitsorte und -zeiten als ein »Must«. Denn den Alphas ist bewusst, dass es rein technisch keinerlei Problem darstellt, als Mitarbeiter:in für ein Unternehmen jederzeit an jedem Ort (oder besser gesagt: an einem Ort ihrer Wahl) zu arbeiten und Leistung zu erbringen. Genauso wichtig ist in diesem Zusammenhang aber auch, dass das zuvor beschriebene intellektuelle Arbeiten, die kreative Ideenfindung oder strategische Konzeption nicht nach vorgegebenen Terminen, geschweige denn nach der Uhrzeit oder dem Prinzip der Stechuhr, funktionieren. Die Alphas können und wollen daher abwechselnd und allein entsprechend ihrer Bedürfnisse im Office oder Homeoffice, morgens oder nachts Leistung erbringen (HR Monkeys 2023b).

Die Alphas lernen beim Arbeiten
Sie wachsen in einer Zeit auf und werden in einer Zeit leben, in der (fachliches) Know-how vor allem im Bereich der Digitalisierung schnell überholt ist. Daher stellen Fort- und Wei-

terbildungsangebote einen wichtigen Faktor im Rahmen der Arbeitgebermarke und der Unternehmenskultur dar. Interessant für die Alphas sind dabei vor allem Wissens- und Weiterbildungs-Apps, im Gegensatz zu traditionellen Seminaren und Trainings. Die Generation Alpha will als Arbeitnehmerschaft befähigt werden, fremdes Wissen zu konsumieren und eigenes Know-how dann aufzubauen, sobald sie es für konkrete Aufgaben und Herausforderungen benötigt und es umgehend anwenden kann (HR Monkeys 2023b; Rosenthal 2023).

Die Alphas lassen sich nur auf Augenhöhe führen
Die Generation Alpha arbeitet nicht nur strategischer und kreativer, sie ist vor allem selbstbestimmter als die meisten Generationen zuvor. Sie ist es gewohnt, eigenständig Entscheidungen zu treffen und offen ihre Meinung zu vertreten. Führungskräfte und -strukturen müssen versuchen, sich dem anzupassen, indem bspw. Vorgesetzte mehr und mehr als Mentor:innen und Coaches agieren – anstatt allein und ohne nachvollziehbare Erklärung zu bestimmen, was zu tun ist. Damit einher geht ein neues Selbstverständnis von Führungskräften und Management sowie ein anderes Verständnis von Führung (siehe Abbildung 37). Die Führungskräfte der Zukunft müssen daher nicht nur lernen, Verantwortung zu übertragen bzw. abzugeben. Vielmehr stehen sie ihren Mitarbeiter:innen zur Seite und helfen ihnen, deren bzw. im Idealfall gemeinsame Ziele zu erreichen. Dabei lassen sie ihren Mitarbeiter:innen immer ausreichend Freiraum, um selbstständig Entscheidungen zu treffen und gegebenenfalls auch einmal Fehler zu machen, etwas zu riskieren. Da die Alphas voraussichtlich mehr Teamarbeit, agile Methoden und Vernetzung einfordern werden, benötigen Führungskräfte, die der Generation Alpha gegenüberstehen, ein teils komplett neues Mindset, bei dem das Miteinander und der Mensch im Mittelpunkt stehen. Das selbstbestimmte Arbeiten der Alphas kann mittels digitaler Tools gefördert werden, bspw. durch Kollaborations- und Personalentwicklungsinstrumente oder eLearning-Formate, HR-Abteilungen hingegen sollten sog. »People Analytic Tools« nutzen, um schnell Mitarbeiterbedürfnisse zu erkennen und diese zu bedienen (HR Monkeys 2023b; Rosenthal 2023).

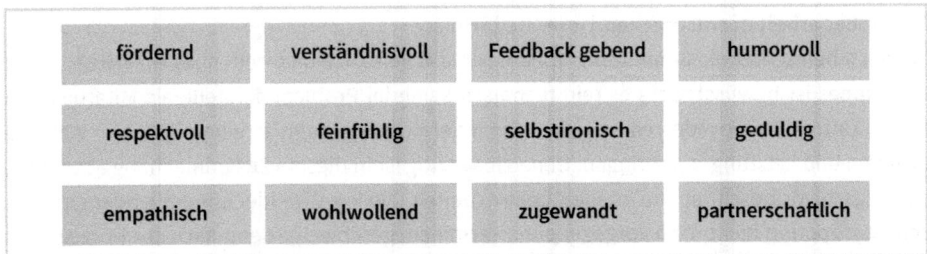

Abb. 37: Ansprüche an Personalverantwortliche und Vorgesetzte seitens der Talente der Generation Z (Quelle: Terstiege 2023)

Die Generation Alpha steht voller Erwartungen vor der Tür
Die Alphas sind zwar noch Kids, aber bereits jetzt ist absehbar, dass sich ihre und so generell die Arbeitswelt massiv verändern wird. Arbeitgebende Unternehmen sollten daher bereits jetzt und frühzeitig die Chance nutzen, um sich auf die nächste Generation von Mitarbeiter:innen,

Fach- und Führungskräften einzustellen – deren Erwartung zu erkunden, um ihren Ansprüchen zu genügen. Ein wichtiges Instrument ist dabei die Kommunikation als Arbeitgebermarke und das Betonen aller uniquen Benefits, die man als Unternehmen der Generation Alpha zu bieten hat (Rosenthal 2023).

5 Trends – was Talente in Zukunft von Arbeit(gebern) erwarten

Die Erwartungen der Absolvent:innen der Generation Z verändern die Arbeitswelt nachhaltig und nicht vorübergehend, denn die Talente betreten den Arbeitsmarkt mit teils völlig anderen Werten als ihre Vorgänger:innen. HR-Teams und Personalverantwortliche sollten sich daher mit diesen Werten frühzeitig und kontinuierlich auseinandersetzen – die kennzeichnendsten Trends und Entwicklungen sind im Folgenden aufgeführt:

- **Selbstbestimmung: Mitdenken. Mitreden. Mitbestimmen.**
  Die Talente verlangen auch in der Arbeitswelt nach Selbstbestimmung. Sie verstehen sich als wertvolle Arbeitnehmer:innen, als Entrepreneur:innen oder auch Intrapreneur:innen und Socialpreneur:innen – nicht nur als ausführendes Organ, Befehls- oder Lohnempfänger:innen. So müssen Hierarchien unternehmensintern deutlich flacher, die Arbeitszeiten flexibler und der Ort des Arbeitens mobiler ausgeschrieben, gestaltet und ermöglicht werden. Ihre Vorstellung ist, dass ihre Arbeit(sleistung) sich von der eigenen Präsenz vor Ort im Unternehmen löst. Das Streben nach Eigenständigkeit und auch Emanzipation im Beruf ist seitens des Arbeitgebers nicht zu unterschätzen, u. a. da die dadurch gewonnene Flexibilität und Innovationskraft Wettbewerbsvorteile darstellen.

- **Blending: Integration. Privates. Geschäftliches.**
  Die Talente der Generation Z erkennen für sich, dass die Bereiche Berufsleben und Privatleben, Arbeit und Freizeit nur bedingt unabhängig sind bzw. sich nicht vollständig voneinander trennen lassen. Anstatt das Ideal einer Work-Life-Balance anzustreben, verfolgen sie mittlerweile eher eine Work-Life-Integration bzw. das Work-Life-Blending: Zustände und Zeiten, in denen Privatleben und Berufsleben ineinander übergehen und Arbeit viel mehr ist als »Maloche«, sondern eher der kreativen Entwicklung, Ideenfindung und Problemlösung dient. Gleichzeitig gibt es Zeiträume, in denen Familie und Freund:innen Priorität haben. Zwischen diesen Phasen gilt es in Multifunktionen zu improvisieren, da man sich als Freund:in, Tochter, Sohn, Vater oder Mutter nach Bedarf und eben nicht nach der Uhrzeit einbringt, ebenso wenig wie man den Beruf zu Hause außen vorlässt. Studierende sehen Privates und Berufliches daher eher als zwei Bereiche, die sich gegenseitig befruchten und bereichern können.

- **Automatisierung: Technologie. KI.**
  Die Talente der Generation Z wachsen mit Automatisierungsprozessen und Künstlicher Intelligenz auf. Dieser für Wirtschaft und Unternehmen große Technologieschub führt zu einer ansteigenden Nachfrage nach entsprechenden Kompetenzen, die zuvor nicht planbar bzw. vorstellbar waren: Arbeit ist zukünftig weniger körperliche Tätigkeit, sondern zunehmend geistig bzw. intellektuell; dabei umfasst sie nicht allein Wissensberufe, sondern variiert teils sogar zwischen Kunst- und Kommunikations- sowie Entertainment- und Erlebniskultur.

- **Überforderung: Digital. Overload.**
  Die Talente der Generation Z erfreuen sich dank Internet einer großen Unabhängigkeit und sind zugleich überaus abhängig davon. Internet und Digitalisierung eröffnen ihnen zum einen Homeoffice-Möglichkeiten, Remote Work u.v.m. Zum anderen sind sie aufgrund der Digitalisierung daran gewohnt, 24/7 an Bildschirm und Tastatur verbringen zu können bzw. zu müssen, wodurch sie jedoch auch einem (deutlichen) Zuviel an Informationen ausgeliefert sind.

6 Expert:innen – Interviews zu Campus-Recruiting und Hochschulmarketing

Wie Campus-Recruiting und Hochschulmarketing als Instrumente der Ansprache und Gewinnung von Talenten eingeschätzt und umgesetzt werden, welche Erwartungen man an diese Instrumente hat und was man an Erfahrungen mit Hochschulmarketing gemacht hat, wird im Folgenden anhand der Erwartungs- und Erfahrungsberichte der unterschiedlichen Stakeholder

- Studierende,
- Alumni,
- Dozent:innen und
- Unternehmensvertreter:innen

veranschaulicht.

6.1 Talente – was Studierende wirklich anspricht

Die Perspektive von Studierenden zu funktionierenden und wirkenden Maßnahmen, die sie am Campus erleben und schätzen bzw. eben nicht wertschätzen, wird im Rahmen der folgenden Interviews beleuchtet.

Tim Neuhäuser, Dualer Student, BA International Management, INEOS in Köln
Wie kann man Ihrer Meinung und Erfahrung nach Studierende als die Talente von heute und die Mitarbeiter:innen von morgen am besten erreichen?

Ganz wichtig: über eine personalisierte Ansprache. Ich muss mich als Individuum direkt angesprochen fühlen und merken, dass ich wertgeschätzt werde. Unternehmen müssen sicherstellen, dass sie die jeweiligen Interessen und Fähigkeiten von uns Studierenden berücksichtigen und uns Möglichkeiten aufzeigen, wie wir uns im Unternehmen entfalten können. Dadurch steigern diese Firmen die Wahrscheinlichkeit einer erfolgreichen Rekrutierung. Eine ungezielte Ansprache dürfte aus meiner Sicht hingegen wenig Erfolgsaussichten haben. Hier bei INEOS in Köln steht das Motto »Ausbildung mit Persönlichkeit« im Mittelpunkt.

Welche Instrumente eignen sich dafür aus Ihrer Sicht als Studierender am ehesten?

Es gibt verschiedene Ansätze, die mir persönlich auch schon in meinem Studentenleben an der International School of Management (ISM) in Köln begegnet sind. Für mich ist entscheidend, dass ein Unternehmen nicht anonym bleibt: Ich brauche ein Gesicht, das das Unternehmen repräsentiert. Besonders sinnvoll erscheinen mir im Campus-Recruiting daher die folgenden Ansätze:

- Präsenz auf dem Campus: Die Teilnahme an Karrieremessen, Firmenpräsentationen, Vorträgen oder Workshops ermöglicht es Firmenvertreter:innen, ihr Unternehmen vorzustellen, Fragen zu beantworten und persönliche Beziehungen aufzubauen.
- Gezielte Marketingstrategien: Dies kann die Verwendung von Social Media oder die Zusammenarbeit mit den Studierendenvertretungen beinhalten.
- Alumni-Netzwerke nutzen: Alumni sind eine wertvolle Ressource, um Studierende anzusprechen. Unternehmen sollten daher enge Beziehungen zu den Alumni pflegen und ihnen Anreize bieten, um sich als Botschafter:innen für die Unternehmen zu engagieren. Alumni können als Mentor:innen oder Gastsprecher:innen auftreten und uns Studierenden wertvolle Einblicke in die Arbeitswelt bieten. Wir erhalten dadurch spannende Insights und die Unternehmen eine Plattform, um auf sich aufmerksam zu machen: eine Win-win-Situation.

Und welche Instrumente sind Ihrer Erfahrung als Studierender nach weniger geeignet, um mit Studierenden in den Austausch zu treten?

Unpersönliche Massen-E-Mails gewinnen meine Aufmerksamkeit nicht. Diese generischen E-Mails geben mir nicht das Gefühl, dass Unternehmen wirklich an mir als Individuum interessiert sind. Ebenfalls weniger geeignet sind frontale Präsentationen, bei denen es keine Gelegenheit gibt, Fragen zu stellen oder meine Gedanken einzubringen. Interaktive Workshops und informelle Gesprächsrunden sind ansprechender, da sie mir die Möglichkeit geben, mich unmittelbar mit den Vertretenden des Unternehmens auszutauschen. So bekomme ich einen Eindruck von den Menschen, die dahinterstehen, und merke, ob die Unternehmenskultur und das Zwischenmenschliche für mich stimmen. Eintönige Werbematerialien wie Broschüren oder Flyer sprechen mich ebenfalls nicht an, denn sie bieten weder Mehrwert noch Alleinstellungsmerkmal. Stattdessen wünsche ich mir kreative und ansprechende Videos, Infografiken und interaktive Präsentationen.

Welche Gelegenheiten und Orte an Hochschulen sind am erfolgversprechendsten, um Studierende auf sich aufmerksam zu machen?

Ich finde es großartig, wenn Unternehmen Projektarbeiten unterstützen und uns die Möglichkeit geben, in Teams an realen Herausforderungen zu arbeiten. Dies ermöglicht uns, unser Wissen in der Praxis anzuwenden und wertvolle Erfahrungen zu sammeln, die uns für zukünftige Berufe optimal vorbereiten – und je mehr, desto besser. Durch solche Projekte werden die Veranstaltungen spannender, praxisbezogener und eindrucksvoller. An Gelerntes aus solchen Kooperationsprojekten zwischen Dozierenden und Unternehmen erinnere ich mich deutlich.

Unternehmensbesuche und Praktikumstage sind tolle Möglichkeiten, um den Arbeitsalltag und die Atmosphäre in einem Unternehmen hautnah und authentisch zu erleben. Fotos auf der Firmenwebsite können nicht mit einem gemeinsamen Essen in der Firmenkantine mithalten.

Welche Ansprechpartner:innen und Verantwortlichen an Hochschulen sollten seitens arbeitgebender Unternehmen bzgl. der Planung und Umsetzung von Campus-Recruiting- und Hochschulmarketingmaßnahmen miteinbezogen werden?

Normalerweise gilt: Viele Köche verderben den Brei. Aber beim Campus-Recruiting sollten sämtliche Funktionen einbezogen werden.

Welche Dos & Don'ts empfehlen Sie Unternehmen und Arbeitgebern aus Ihrer Erfahrung als Studierender zu Campus-Recruiting und Hochschulmarketing?
- Do: echtes Interesse an uns Studierenden zeigen
- Do: informative und interaktive Veranstaltungen sowie Praktika anbieten
- Do: Social-Media- und E-Learning-Plattformen wie Studydrive nutzen
- Do: authentisch und transparent kommunizieren
- Do: schnell und offen auf Bewerbungen reagieren
- Do: individuelle Ansprache
- Do: Follow-up-Kommunikation nach Erstkontakt
- Do: kein Overpromising
- Do: den ganzen Menschen sehen, nicht nur Noten
- Do: keine Selbstdarstellung, sondern Dialog

Was würden Sie als Studierender Unternehmen und Arbeitgebern, die Talente und Mitarbeiter:innen der Gen Z für sich gewinnen wollen, raten?

Gen Z sind Digital Natives, schätzen jedoch den persönlichen Kontakt und verstehen Arbeit als Teil des Lebens. Speziell dual Studierende sind Firmenbotschafter:innen. Schon oft habe ich von Mitstudierenden gehört: »200 m^2 Fitnessstudio? So etwas bietet mein Unternehmen leider nicht!« Wer von seinem Unternehmen wirklich begeistert ist, begeistert auch andere.

Und wovon würden Sie als Studierender aus Ihrer eigenen Erfahrung abraten?

Das geht gar nicht:
- langwierige Bewerbungsprozesse
- langatmige Formulare
- Papierunterlagen
- Motivationsschreiben
- Bleiwüsten/Textwüsten
- fehlende Social Media Accounts
- keine Reaktion
- mangelnde soziale Verantwortung

Kyra Kuffel, Duale Studentin, MA Supply Chain Management & Logistics, INEOS in Köln
Wie kann man Ihrer Meinung und Erfahrung nach am besten Sie als die Talente von heute und die Mitarbeiter:innen von morgen erreichen?

Basierend auf meinen Erfahrungen als Studierende bin ich der Meinung, dass Unternehmen am effektivsten mit uns über Plattformen in Sozialen Medien wie LinkedIn und Instagram kommunizieren können. Authentische und informative Beiträge, die Einblicke in die Unternehmenskultur und Karrieremöglichkeiten bieten, sind besonders ansprechend. Darüber hinaus könnten gezielte Webinare oder Onlineveranstaltungen eine effiziente Möglichkeit sein, sich mit uns auszutauschen.

Welche Instrumente eignen sich dafür aus Ihrer Sicht als Studierende am ehesten?

Ich selbst nutze oft Soziale Medien wie LinkedIn, Instagram und X (vormals Twitter), um mich zu vernetzen und über Karrieremöglichkeiten informiert zu bleiben. Als Studierende schätze ich vor allem persönliche Nachrichten auf Plattformen wie LinkedIn, da sie eine individuelle Ansprache ermöglichen. Karrierewebsites von Unternehmen spielen für mich ebenfalls eine wichtige Rolle, da ich nur dort ausführliche Informationen über Stellenangebote und Bewerbungsprozesse erhalte.

Und welche Instrumente sind Ihrer Erfahrung als Studierende nach weniger geeignet, um mit Studierenden in den Austausch zu treten?

Unpersönliche Massenmails oder generische Werbeanzeigen haben meiner Erfahrung nach oft weniger Erfolg, da sie nicht auf die individuellen Interessen und Bedürfnisse der Studierenden eingehen (»wir nehmen jeden«).

Welche Gelegenheiten und Orte an Hochschulen sind am erfolgversprechendsten, um Studierende auf sich aufmerksam zu machen?

Aus meiner Sicht sind Karrieremessen, Gastvorträge von Unternehmensvertreter:innen in den Universitäten, interaktive Workshops und Networking-Veranstaltungen vielversprechende Gelegenheiten. Onlineveranstaltungen, wie virtuelle Firmenpräsentationen, können ebenfalls erfolgreich sein, besonders wenn physische Präsenz eingeschränkt ist.

Welche Ansprechpartner:innen und Verantwortlichen an Hochschulen sollten seitens arbeitgebender Unternehmen bzgl. der Planung und Umsetzung von Campus-Recruiting- und Hochschulmarketingmaßnahmen miteinbezogen werden?

Unternehmen sollten eng mit den Karrierezentren, Fachbereichsleiter:innen und studentischen Vereinigungen zusammenarbeiten. Diese Gruppen haben direkten Zugang zu den Studierenden und können bei der Organisation von Veranstaltungen und Aktivitäten helfen. In meiner Bachelorarbeit ging es auch darum, »wie wir Versicherung für Studierende interessant gestalten können und auf welchem Weg«. Das beste Ergebnis erzielten die Fachschaften der jeweiligen Universitäten. Fachschaften haben alle Informationen zum Weiterleiten und Verbreiten erhalten und/oder sind auch teilweise geschult, um das intern weitergeben zu können. Im Gegenzug erhielten die Universitäten Spenden und/oder Unterstützung.

Welche Dos & Don'ts empfehlen Sie Unternehmen und Arbeitgebern aus Ihrer Erfahrung als Studierende zu Campus-Recruiting und Hochschulmarketing?

Dos: authentische Kommunikation, Fokus auf Entwicklungsmöglichkeiten, aktive Einbindung der Studierenden, Flexibilität in Bezug auf Arbeitsmodelle

Don'ts: übermäßige Werbung, leere Versprechungen, Ignorieren von Feedback

Was würden Sie als Studierende Unternehmen und Arbeitgebern, die Talente und Mitarbeiter:innen der Gen Z für sich gewinnen wollen, raten?

Ich würde empfehlen, einen klaren Unternehmenszweck zu zeigen, flexible Arbeitsmodelle anzubieten und soziale Verantwortung hervorzuheben. Investitionen in kontinuierliche Weiterentwicklung sind für mich das Wichtigste.

Und wovon würden Sie als Studierende aus Ihrer eigenen Erfahrung abraten?

Von starren Hierarchien, mangelnder Flexibilität und fehlender Anerkennung von Diversität.

Welche »Best Practice«-Erfahrungen haben Sie als Studierende mit Campus-Recruiting-Maßnahmen gemacht?

Erfolgreiche Erfahrungen umfassen interaktive Workshops, in denen Studierende Einblicke in reale Projekte erhalten, sowie gezielte Mentoring-Programme. Interessant und geeignet sind auch Cases und Referenzen zu Themen wie »Was hat das Unternehmen bisher erreicht und wie ist es dies angegangen?«

Welche »Worst Practice«-Erfahrungen haben Sie als Studierende mit Campus-Recruiting-Maßnahmen gemacht?

Unpersönliche Massen-E-Mails und nicht relevante Veranstaltungen ohne klaren Mehrwert.

Karima Amgar, Duale Studentin, MA Marketing, CRM & Sales, TIMETOACT GROUP in Köln
Wie kann man Ihrer Meinung und Erfahrung nach am besten Sie als die Talente von heute und die Mitarbeiter:innen von morgen erreichen?

Zunächst einmal denke ich, dass eine direkte Ansprache sehr wichtig ist und keine generellen Ansprachen genutzt werden sollten. Aufgrund der heutigen Trends in unserer Generation bin ich der Meinung, dass die Sozialen Medien einen großen Beitrag leisten. Über die Sozialen Medien wie Instagram, Facebook und TikTok können Unternehmen auf sich aufmerksam machen und so das Interesse der zukünftigen Mitarbeiter:innen wecken. Besonders ansprechend finde ich hier, wenn die Unternehmen intensive Einblicke in die Unternehmenskultur und das tägliche Geschäft der unterschiedlichen Bereiche geben. Vor allem in Branchen, von denen wir als zukünftige Mitarbeiter:innen nur wenige Vorstellungen haben, was das Unternehmen tatsächlich produziert/macht und wofür es benötigt wird. Ein weiterer Aspekt im Hinblick auf das Erreichen von Studierenden ist das Werben von Unternehmen über Lernplattformen, auf denen bspw. Lernvideos abgespielt werden. So werden Studierende auf Unternehmen aufmerksam, die passend zu ihrem Studiengang sind. (Bsp.: Ich schaue mir ein Video über chemische Reaktionen o. Ä. an und bekomme dann Werbung von INEOS angezeigt).

Welche Instrumente eignen sich dafür aus Ihrer Sicht als Studierende am ehesten?

Soziale Medien wie Instagram, Facebook, TikTok und LinkedIn; Lernplattformen wie Studyflix; Zusammenarbeit mit Hochschulen; Praktika, Schnuppertage anbieten, Gastvorträge.

Und welche Instrumente sind Ihrer Erfahrung als Studierende nach weniger geeignet, um mit Studierenden in den Austausch zu treten?

Zeitungen, unpersönliche generische E-Mails.

Welche Gelegenheiten und Orte an Hochschulen sind am erfolgversprechendsten, um Studierende auf sich aufmerksam zu machen?

Praktika, Schnuppertage, Jobmessen, Gastvorträge, bei denen sich die Unternehmen vorstellen und einen Einblick in ihr Geschäft geben.

Welche Ansprechpartner:innen und Verantwortlichen an Hochschulen sollten seitens arbeitgebender Unternehmen bzgl. der Planung und Umsetzung von Campus-Recruiting- und Hochschulmarketingmaßnahmen miteinbezogen werden?

Dozent:innen von den jeweils passenden Vorlesungskursen, da sie einen guten Einblick in die Vorstellungen und Erwartungen der Student:innen geben können; Hochschulleitung, da die Studierenden sich daran orientieren können und das Gefühl von Unterstützung vermittelt wird; vielleicht ehemalige Studierende aus dem gleichen Unternehmen, die das beidseitige Verständnis (sowohl aus Sicht des Arbeitgebers als auch aus Sicht der Student:innen) haben.

Welche Dos & Don'ts empfehlen Sie Unternehmen und Arbeitgebern aus Ihrer Erfahrung als Studierende zu Campus-Recruiting und Hochschulmarketing?

Unternehmen und Arbeitgeber sollten beim Campus-Recruiting und Hochschulmarketing hauptsächlich auf die Bedürfnisse, Erwartungen, Vorstellungen und Anmerkungen der Studierenden eingehen. Sie sollten alle positiven Aspekte, die ihr Unternehmen erfüllt und die mit den Erwartungen der Studierenden übereinstimmen, erfolgreich präsentieren. Ich denke, die Unternehmen/Arbeitgeber sind dabei besonders erfolgreich, wenn sie sich authentisch präsentieren und keine generellen Floskeln verwenden.

Was würden Sie als Studierende Unternehmen und Arbeitgebern, die Talente und Mitarbeiter:innen der Gen Z für sich gewinnen wollen, raten?

Die Unternehmen sollten unbedingt in den Sozialen Medien aktiv werden. Die Gen Z muss dort angesprochen werden, wo sie sich die meiste Zeit aufhält. Und das sind eben die Sozialen Medien (wie Instagram und TikTok). Zudem ist es heutzutage schwierig, der Gen Z die alten Arbeitsmodelle, bspw. ohne Homeoffice-Regelungen und flexible Arbeitszeiten, »schmackhaft zu machen«. Die Bedürfnisse und Werte haben sich geändert. Die zuvor genannten Themen wie Homeoffice und flexible Arbeitszeiten sind von hoher Bedeutung für die Gen Z. In einigen Branchen ist dies allerdings selbstverständlich nicht möglich. Hier müssen die Unternehmen versuchen, andere Alternativen zu schaffen. Attraktiv finde ich persönlich auch Weiterbildungsmöglichkeiten mit einem möglichen Auslandsaufenthalt. Unternehmen, die in mehreren Ländern vertreten sind, können der Gen Z eine Weiterbildung im Ausland anbieten. So wird der Gen Z das Gefühl vermittelt, die Welt erkunden zu können, sich aber dennoch zeitgleich weiterzubilden.

Und wovon würden Sie als Studierende aus Ihrer eigenen Erfahrung abraten?

Mangelnde Weiterbildungsmöglichkeiten. In meinem Unternehmen ist es bspw. so, dass ich den Bachelor bereits dual im gleichen Unternehmen absolviert habe, nun der Master aber nicht mehr vom Unternehmen unterstützt wird. Bei vielen führt dies zu einer Abwehrhaltung und sie suchen nach neuen Arbeitgebern. Mein Arbeitgeber bietet mir allerdings andere Weiterbildungsmöglichkeiten, die ich neben meinem Masterstudium durchlaufen kann. Dies ist ein dreijähriges Weiterbildungsprogramm, bei dem verschiedene Soft-Skill-Trainings absolviert werden und ein weltweites (über die verschiedenen Unternehmensstandorte hinweg) Netzwerk aufgebaut wird.

Welche »Best Practice«-Erfahrungen haben Sie als Studierende mit Campus-Recruiting-Maßnahmen gemacht?

Bisher habe ich leider sehr wenig Erfahrung mit Campus-Recruiting, da ich mein Bachelorstudium dual gemacht habe und somit schon einen Arbeitgeber hatte. Eine indirekte Form, die mir aber positiv in Erinnerung geblieben ist, sind Gastvorträge, in denen sich die Unternehmen vorstellen und die Studierenden einen Case für dieses Unternehmen ausarbeiten dürfen. Darüber hinaus (was aber auch eine indirekte Methode des Campus-Recruiting ist) finde ich es gut, wenn Dozenten, die zuvor oder zeitgleich in Unternehmen arbeiten, an einer Hochschule lehren und so auch Werbung für das Unternehmen machen, da sie von ihren Erfahrungen aus der Praxis berichten.

Henry Miller & Jan Neusser, Duale Studenten, BA International Management in Köln
Wie kann man Ihrer Meinung und Erfahrung nach am besten Sie als die Talente von heute und die Mitarbeiter:innen von morgen erreichen?

JN: Meiner Meinung nach bestehen hierbei verschiedene Möglichkeiten, jedoch sind aus meiner Erfahrung der Einsatz von Gastvorträgen an Universitäten oder auch der Kontakt direkt über Dozent:innen am besten geeignet. Werden praxisnahe Inhalte am Beispiel eines Unternehmens in die Vorlesungen integriert, so wird man auf das Unternehmen aufmerksam und erhält bereits einen ersten authentischen Einblick. Dies erhöht die Aufmerksamkeit der Studierenden. Werden hierbei noch direkt Praktika angeboten, um so eigene Erfahrungen zu sammeln, ist die Wahrscheinlichkeit am höchsten, neue Talente für heute für die eigene Firma zu erreichen.

HM: Ein weiterer wichtiger Punkt ist die Onlinepräsenz. Die Gen Z ist beinahe ausschließlich online unterwegs, was dies somit zu dem wichtigsten Akquisekanal macht. Hier sollte das Employer Branding im Vordergrund stehen. Durch Kooperationen mit Internetpersönlichkeiten kann hier ein guter Ansatzpunkt gefunden werden. Zeigen der Produkte, Erklärung der Marke und ihrer Werte sowie unter Umständen auch ein Blick hinter die Kulissen können viel wert sein. Ein Beispiel hierfür ist der YouTuber JP Performance, der in der Autobranche und bei Automobilbegeisterten bekannt ist und regelmäßig Einblicke hinter die Kulissen von Automobilern wie Mercedes, Porsche oder BMW zeigt.

Welche Instrumente eignen sich dafür aus Ihrer Sicht als Studierende am ehesten?

JN: Das wohl wichtigste Instrument stellt hierbei das Social-Media-Marketing dar. Studierende verbringen meiner Erfahrung nach sehr viel ihrer Zeit auf Social Media. Kommt es hierbei zu einer attraktiven und außergewöhnlichen Marketingkampagne, führt dies bereits zu einer erhöhten Markenbekanntschaft und so auch zu einer Priorisierung des Unternehmens bei der Auswahl von Arbeitgebern, beim Start in das Berufsleben oder bei einem Jobwechsel. Zudem sind unkonventionelle Marketingaktionen hilfreich, die Studierende dazu zwingen, sich an das Unternehmen zu erinnern, oder auch der Einsatz von Lehraufträgen, die den direkten Kontakt des Unternehmens zu Studierenden an den Universitäten ermöglichen.

HM: Unkonventionelle Marketingaktionen an Universitäten wie Guerillamarketingaktionen können schnell viral gehen. Genau das kann die Bekanntheit einer unbekannten Firma extrem boosten. Ebenso wichtig ist das Netzwerken mit Universitäten. Hier kann bspw. das Anbieten von interessanten Bachelor- und Master-Thesis-Themen in Zusammenarbeit mit den Dozierenden die Bekanntheit steigern und die Studierenden zwingen, sich mit der Marke/Unternehmung auseinanderzusetzen.

Welche Instrumente sind Ihrer Erfahrung als Studierende nach weniger geeignet, um mit Studierenden in den Austausch zu treten?

HM: Meiner Ansicht nach ist es wichtig, dass beide Seiten profitieren. Wenn eine Unternehmung Studipraktikant:innen lediglich zur Bearbeitung von uninteressanten Tätigkeiten als günstige Arbeitskräfte missbraucht, ist dieses Gleichgewicht ausgehebelt. Es ist wichtig, dass Incentives wie tolle Erfahrungen oder auch ein Entgelt geboten werden. Die erste Erfahrung im Unternehmen als Praktikant:in ist kritisch, gerade für unbekannte Unternehmen. Die müssen gerade hier durch großartige Perspektive, Arbeitsatmosphäre etc. punkten.

JN: Ich stimme der Erfahrung von Herrn Miller zu. Zusätzlich sehe ich als weniger geeignetes Instrument, um in den Austausch mit Studierenden zu gehen, den Einsatz von Offlineprintmedien bei unbekannten Firmen. Meiner Erfahrung nach ist der Aufwand, sie zu lesen und sich anschließend innerhalb des Internets tiefgehend bezüglich des Unternehmens zu informieren, zu hoch, sodass hierbei nicht das gewünschte Ziel erreicht wird.

Welche Gelegenheiten und Orte an Hochschulen sind am erfolgversprechendsten, um Studierende auf sich aufmerksam zu machen?

HM: Alles, was keinen direkten Mehraufwand für die Studierenden bedeutet oder sich zumindest nicht so anfühlt. Vorlesungen bieten sich an, da Student:innen gewissermaßen gezwungen sind zuzuhören. Ansonsten sollte die Zeit zwischen Vorlesungen und damit die entspannte Atmosphäre genutzt werden.

JN: Besonders der von Herrn Miller angesprochene Punkt bezüglich des Mehraufwands ist hierbei entscheidend. Den Studierenden muss die Möglichkeit geboten werden, in einem entspannten Umfeld Informationen bezüglich des Unternehmens zu erhalten, im einfachen Austausch der Erfahrung von Mitarbeiter:innen. Daher eignen sich Recruiting Dates als erste Maßnahme sehr gut, wobei hier aufgrund des Mehraufwands die Teilnehmerzahlen geringer ausfallen.

Welche Ansprechpartner:innen und Verantwortlichen an Hochschulen sollten seitens arbeitgebender Unternehmen bzgl. der Planung und Umsetzung von Campus-Recruiting- und Hochschulmarketingmaßnahmen miteinbezogen werden?

HM: Die Studienberatung und Dozent:innen bzw. Profs, wie zuvor beschrieben.

JN: Stimme ich absolut zu, sowie des Weiteren Studierende selbst, Uni-Clubs oder auch die Studierendenvertretung, um hierbei die Bedürfnisse der Student:innen aus eigener Sicht zu berücksichtigen und, innerhalb der Umsetzung, Anpassungen an diese zu treffen.

Welche Dos & Don'ts empfehlen Sie Unternehmen und Arbeitgebern aus Ihrer Erfahrung als Studierende zu Campus-Recruiting und Hochschulmarketing?

HM: Dos: im Auftreten locker, nicht gezwungen, authentisch und modern. Keinesfalls zu elitär. Der Spaß an der Arbeit sollte gut kommuniziert werden. Falls es keine spaßigen Tätigkeiten sind, muss ein anderer Incentive gesetzt werden (wie oben beschrieben, bspw. Perspektive oder Erfahrungen).

JN: Bezüglich der Dos habe ich hierbei keine weiteren Anmerkungen zu Herrn Millers Aussage zu treffen. Bezüglich der Don'ts ist jedoch von Bedeutung, wie auch bereits bei nicht geeigneten Methoden zum Austausch von Unternehmen und Studierenden erwähnt, hierbei Printmedien zu meiden. Zudem ist darauf zu achten, nicht mit einer ausschließlich faktenbasierten Argumentation zu konfrontieren, sondern vielmehr die Student:innen auch emotional mitzunehmen und anzusprechen.

Was würden Sie als Studierende Unternehmen und Arbeitgebern, die Talente und Mitarbeiter:innen der Gen Z für sich gewinnen wollen, raten?

HM: Bietet Perspektive und schafft Möglichkeiten für die Studierenden. Nur wenn ein wirklicher Benefit klar erkennbar ist und kommuniziert wird, wird das Recruiting für euer Unternehmen einfach.

JN: Wie bereits zuvor von Herrn Miller erwähnt, würde ich hierbei noch ergänzen, dass ein nicht zu konservatives und faktenorientiertes Vorgehen verfolgt wird. Frühe Verantwortlichkeit ist für die Gen Z sehr wichtig oder auch andere Faktoren wie eine gute Work-Life-Balance, die es nach außen zu kommunizieren gilt. Auf diese Weise wird ein verbessertes Image des Unternehmens geschaffen und Studierende berücksichtigen das Unternehmen mit einer höheren Wahrscheinlichkeit bei der Auswahl des Arbeitgebers.

Und wovon würden Sie als Studierende aus Ihrer eigenen Erfahrung abraten?

JN: Herrscht eine schlechte oder nur erschwerte Kommunikation seitens des Unternehmens, sinkt schnell das Interesse an ihm, weshalb lange Antwortzeiten sowie ein streng konservatives Auftreten sich hierbei meiner Erfahrung nach eher nachteilig auf die Firma auswirken. Dies gilt es somit zu vermeiden.

HM: Gegenteil zu oben

Welche »Best Practice«-Erfahrungen haben Sie als Studierende mit Campus-Recruiting-Maßnahmen gemacht?

HM: Professor:innen aus der Praxis, welche in den Unternehmen gearbeitet haben bzw. arbeiten und Empfehlungen aussprechen und erzählen, wie der Praxisalltag dort aussieht.

JN: Da stimme ich Herrn Miller absolut zu. Ich selbst habe meine neue Arbeitsstelle für die Phase nach meiner Bachelorarbeit durch die Geschäftsleitung eines Unternehmens mit Lehrauftrag erhalten. Dank des direkten Austauschs mit dem Dozenten und der Vermittlung praxisnaher Inhalte sind hierbei meine Aufmerksamkeit und mein Interesse für das Unternehmen innerhalb der Vorlesungen gestiegen. Der direkte Ansprechpartner des Unternehmens war dabei schließlich entscheidend für die Auswahl des Unternehmens.

Und welche »Worst Practice«-Erfahrungen haben Sie als Studierende mit Campus-Recruiting-Maßnahmen gemacht?

JN: Die, meiner Erfahrung nach, ineffektivste Maßnahme ist der Aufsteller innerhalb meiner Universität, der Studierende in ihrer Mittagspause dazu animieren soll, die Werbekampagnen der Unternehmen wahrzunehmen und ein Interesse zu wecken. Dieser wird meist als störend wahrgenommen und es wird keine Aufmerksamkeit auf die Inhalte gelegt, somit ist er nicht geeignet zum Campus-Recruiting.

HM: Unterschreibe ich so. Zu passiv.

6.2   Alumni – wie ehemalige Studierende Campus-Recruiting sehen

Ehemalige Studierende, die im Berufsleben bereits erfolgreich angekommen sind und sich »nebenbei« als externe Dozent:innen an Hochschulen engagieren, bewerten Campus-Recruiting-Maßnahmen aus einer äußerst differenzierten Perspektive, die sowohl die Studierendensicht als auch die Sicht von Hochschulvertreter:innen einnimmt.

Svenja Bembenek, Group Head Digital, Wavemaker Germany in Düsseldorf
Wie kann man Ihrer Meinung und Erfahrung nach am besten die Talente von heute und die Mitarbeiter:innen von morgen erreichen?

Entscheidend sind meiner Meinung nach die persönlichen Entwicklungsmöglichkeiten, eine transparente Kommunikation auf Unternehmensseite hinsichtlich Weiterbildungsmöglichkeiten, aber auch die gezielte Hervorhebung von Unternehmensvorteilen als Wegweiser, wenn es darum geht, neue Talente zu akquirieren. Dazu gehört es, sowohl über Social-Media-Kanäle als auch auf den gängigen Portalen wie LinkedIn und XING zu werben und stetig eine Präsenz zu zeigen, die gerade junge Absolvent:innen wie auch talentierte Berufserfahrene anspricht. Gerade heute, wo die Work-Life-Balance entscheidend geworden ist, sollte man als Unternehmen bewusst Vorteile wie Remote Work in den Vordergrund stellen, aber auch gleichzeitig das Miteinander als Team fördern und dies nach außen tragen.

Welche Instrumente eignen sich aus Ihrer Perspektive als Alumna oder Hochschuldozentin am ehesten dafür?

Besonders Bewertungsportale wie Kununu und Co. geben im ersten Schritt den Suchenden, aber auch Interessent:innen Auskunft darüber, wie das Unternehmen aufgestellt ist, und sollten daher natürlich bestmöglich gepflegt werden. Das bedeutet selbstverständlich auch, dass die Mitarbeiter:innen, die sehr zufrieden sind, dazu angeregt werden, eine positive Bewertung zu verfassen. Darüber hinaus sollten Unternehmen bereits in den Hochschulen und Universitäten aktiv werden und dort durch Seminare oder Vorträge Chancen und Entwicklungen bei dem Unternehmen aufzeigen. So etwas gelingt bspw. auch, indem eine Bachelor- oder Master-Thesis in Kooperation verfasst werden kann oder indem es Optionen zu Praktika oder einem Tag der offenen Tür gibt. Nicht zuletzt bietet sich eine Berufseinstiegsmesse (z. B. Absolventenkongress) besonders gut an, um Studierende oder Schulabsolvent:innen für sich zu gewinnen.

Welche Instrumente sind Ihrer Meinung nach weniger geeignet, um mit Studierenden in den Austausch zu treten?

Alle printlastigen Medien bieten sich meiner Meinung nach weniger an, da gerade die jungen Generationen, wie die Gen Z, sehr digitalaffin sind. Um sie zu verstehen, sollte man daher auf klassisch gedruckte Newsletter und Broschüren verzichten und stattdessen auf digitale Optionen ausweichen. Da es immer wichtiger wird, sich vom Wettbewerb abzusetzen, müssen auch Out-of-the-Box-Ideen berücksichtigt werden, wie z. B. eine Videokampagne bei Twitch, wo wir wissen, dass wir hier besonders erfolgreich die Gen Z erreichen können.

Welche Gelegenheiten und Orte sind für Hochschulen am erfolgversprechendsten, um Studierende auf sich aufmerksam zu machen?

Idealerweise sollte man mit Digitalkampagnen genau in dem Moment aktiv werden, wo man erkennen kann, dass jemand auf die Suche geht, bzw. schon vorab schauen, über welche Medien man am ehesten Studierende erreicht. Das kann sowohl über XING als auch LinkedIn passieren, aber ebenso über Social-Media-Kampagnen, die in Richtung Employer Branding gehen und für das Unternehmen werben. Als einen weiteren sehr guten Ort empfinde ich die Messen, da die Studierenden dort gezielt hingehen, um sich zu informieren, und man so frühzeitig mit den Studierenden in den persönlichen Austausch treten kann.

Welche Ansprechpartner:innen und Verantwortlichen an Hochschulen sollten seitens arbeitgebender Unternehmen bzgl. der Planung und Umsetzung von Campus-Recruiting- bzw. Hochschulmarketingmaßnahmen miteinbezogen werden?

Definitiv Dozent:innen, aber auch die interne Abteilung der Hochschule, die sich um die eigenen Werbungsmaßnahmen kümmern.

Welche Dos & Don'ts empfehlen Sie aus Ihrer Erfahrung als Alumna zu Campus-Recruiting und Hochschulmarketing?

Am wichtigsten ist es, in den relevanten Umfeldern zu werben und dabei in der Kommunikation nicht zu konservativ und in der Werbeausspielung nicht zu hoch frequentiert zu sein. Die Unternehmen sollten auf die Bedürfnisse der Studierenden eingehen und gezielt schauen, mit welchen Inhalten sie diese am besten erreichen.

Welche »Best Practice«-Erfahrungen haben Sie als Alumna mit Campus-Recruiting-Maßnahmen gemacht?

Ich war selbst damals auf einer Absolventenmesse und kann aus Erfahrung sagen, dass es für mich sehr aufschlussreich war und ich dort bereits erste Kontakte zu Unternehmen knüpfen konnte. Ein weiterer Berührungspunkt bei mir war meine Master-Arbeit, die ich in Kooperation mit einer Mediaagentur schreiben durfte, wo ich ebenfalls erste Einblicke gewinnen konnte.

Welche »Worst Practice«-Erfahrungen haben Sie mit Campus-Recruiting-Maßnahmen gemacht?

Das klassische Anschreiben über LinkedIn und XING, gezielt mit dem Wissen, dass Studierende zeitnah ihren Abschluss schaffen, finde ich sehr schwierig, da es sehr viele Anfragen gibt und zum Teil die Informationen sehr gering gehalten werden, um welche Position es sich handelt, und es im Regelfall nicht besonders passend für die einzelnen Personen ist.

Eva Melina Traut, Brand Strategist, WIN Creating Images in Köln
Wie kann man Ihrer Meinung und Erfahrung nach am besten die Talente von heute und die Mitarbeiter:innen von morgen erreichen?

Aus der Vielzahl der möglichen Kontaktbildungen von Unternehmen zu Studierenden bleibt aus meiner Sicht der direkte persönliche Kontakt am nachhaltigsten in Erinnerung und wirksam. Damit meine ich Besuche von Unternehmen in den Hochschulen (z. B. über Gastvorträge oder als Gastdozentur im Rahmen der Lehrveranstaltungen) oder die Einladung durch Unternehmen an Studierende in die Betriebe. Das bietet Arbeitgebern die Chance, ihr Unternehmen und ihre tägliche Arbeit ganzheitlich zu präsentieren, einen positiven Eindruck zu hinterlassen und als attraktiver Arbeitgeber in Erinnerung zu bleiben. Nicht zuletzt deshalb, weil Studierende auf diese Weise auch einen emotionaleren Bezug zum Unternehmen entwickeln können. Abseits von optimierter digitaler Präsenz können echte Eindrücke und Sympathien entstehen. Mit Sicherheit ist diese Art der Kontaktgenerierung mit einem höheren Aufwand für Unternehmen verbunden – ich glaube aber dennoch, dass das eine sinnvolle Investition sein kann. Über den persönlichen Kontakt hinaus sollte aber auch der Gesamtauftritt gepflegt werden, um die Aufmerksamkeit der Interessent:innen nachhaltig wirken zu lassen. Ob auf Jobmessen, im Zuge von Infoveranstaltungen oder vor allem auch über den Social-Media-Auftritt – Unternehmen sollten Präsenz zeigen. Denn mit dem ersten Kontakt fängt die Reise erst an: An dieser Stelle, an der meine erste Aufmerksamkeit und Neugier geweckt wurden, hatte ich als Studentin angefangen, mich aktiv über alle Kanäle zu informieren und mich umfänglicher mit dem jeweiligen Unternehmen auseinanderzusetzen.

Welche Ansprechpartner:innen und Verantwortlichen an Hochschulen sollten seitens arbeitgebender Unternehmen bzgl. der Planung und Umsetzung von Campus-Recruiting- bzw. Hochschulmarketingmaßnahmen miteinbezogen werden?

Ein wirkungsvolles Instrument für Unternehmen ist u.a. die direkte, persönliche Ansprache einzelner »Vermittlungs«-Personen. Das können z.B. Mitarbeitende des Hochschulbüros sein, die Informationen zu Terminen, Veranstaltungen, offenen Stellen o.Ä. direkt über den E-Mail-Verteiler, das Intranet oder über einen Aushang an der Hochschule verteilen können. Vor allem aber können Dozierende und Professor:innen geeignete Multiplikatoren sein, um potenziellen Arbeitgebern bestimmte Studierende zu empfehlen und persönliche Kontakte herzustellen. Meiner Erfahrung als Alumna nach waren immer diejenigen Kurse und Lehrenden besonders interessant, die den direkten Kontakt in die Branche vermittelt haben. Ich erinnere mich an Besuche namhafter Agenturen und die Vermittlung von Praktikumsplätzen oder Werkstudentenstellen, die eine Übernahme nach dem Studium in Aussicht stellten.

Welche Gelegenheiten und Orte an Hochschulen sind am erfolgversprechendsten, um Studierende auf sich aufmerksam zu machen?

Meiner Meinung nach eignen sich diejenigen Gelegenheiten besonders gut, bei denen Arbeitgeber in den direkten persönlichen Austausch mit Studierenden treten können. Darunter zählen zum einen Vorlesungsbesuche und Gastvorlesungen in einzelnen Kursen und Studiengängen, zum anderen aber auch Vortragsveranstaltungen, die für alle interessierten Studierenden eines oder mehrerer Fachbereiche zugänglich sind. Auch von der Hochschule organisierte Karrieretage/-messen bieten Unternehmen eine geeignete Plattform, um sich zu präsentieren. Anders als bei öffentlichen Jobmessen auf großen Messegeländen treffen die Unternehmen hier auf eine fach- bzw. anforderungsspezifische Zielgruppe. Die Wahrscheinlichkeit einer erfolgreichen Akquise sollte dadurch für die Unternehmen höher sein – es bildet sich ein konzentriertes Anbieterumfeld, die Unternehmen stehen während einer solchen Veranstaltung in geringerem Wettbewerb zu anderen Arbeitgebern.

Welche Dos & Don'ts empfehlen Sie aus Ihrer Erfahrung als Alumna zu Campus-Recruiting und Hochschulmarketing?

Dialog statt Monolog & Praxis über Theorie: Eines der wichtigsten Dos ist meiner Meinung nach, Studierenden die Möglichkeit des direkten und persönlichen kommunikativen Austauschs zu bieten. Aus der Theorie des Studiums heraus fehlt es den meisten Studierenden noch an Erfahrung in der Berufspraxis. Engagierte Bewerber:innen haben Fragen und sind bestrebt, sich umfassend zu informieren. Zum gemeinsamen Austausch sollten Arbeitgeber eine Plattform bieten, um über monologische Vorträge hinaus ehrlich und transparent in den Dialog zu gehen. Die Beantwortung persönlich relevanter Fragen kann motivieren, Anreize schaffen oder gegebenenfalls auch falsche Erwartungshaltungen drosseln. Besonders motivierend kann der Einblick in reale Projekte eines Unternehmens sein. Erfolgreiche Projekte begeistern und zeigen, was eine:n potenzielle:n Arbeitnehmer:in erwarten könnte. Mich hatte es als Studentin immer fasziniert, Einblicke in die Prozesse zu erhalten und zu sehen, welche professionellen Ergebnisse in einem motivierten Team erzielt werden können.

Welche »Best Practice«-Erfahrungen haben Sie als Alumna mit Campus-Recruiting-Maßnahmen gemacht?

Während meines Studiums hatte ich mehrfach die Gelegenheit, für mich wertvolle Einblicke in die Arbeit verschiedener Unternehmen und Agenturen zu gewinnen, die die Hochschule im Rahmen der Lehrveranstaltungen besucht oder uns Studierende in ihren Betrieb eingeladen hatten. Neben spannenden Gastvorträgen und dem Besuch von Gastdozent:innen aus der Wirtschaft, die über fachlich relevante Inhalte hinaus auch ihr Unternehmen und ihre tägliche Arbeit präsentierten, waren es vor allem die teils fiktiven, teils realen (Kunden-)Projekte, die einen persönlicheren Bezug zum jeweiligen Unternehmen und zur Marke geschaffen haben. Im Zuge eines Student-Consulting-Projekts hatten wir Studierenden uns in Projektgruppen intensiv mit der Marke unseres Kunden auseinandergesetzt und diese Kunden im Rahmen mehrerer Präsentationsrunden auf Basis unserer Ergebnisse beraten. Die Präsentationen fanden in Präsenz in der Hochschule statt, was die Möglichkeit bot, sich persönlich kennenzulernen und auszutauschen. Ein Gewinn für beide Seiten also: Die Studierenden haben Gelegenheit, sich in der Praxis zu üben, die Kunden erhalten neue Sichtweisen und frischen Input von unbefangenen »Außenstehenden«, alle Beteiligten haben dadurch eine Basis für ein erweitertes Networking. Am nachhaltigsten beeindruckten mich allerdings die Besuche der Firmenstandorte. In Zusammenarbeit mit einer namhaften Werbeagentur z. B. hatten wir Studierenden in Projektgruppen eine Werbekampagne entwickelt. Für die Abschlusspräsentation wurden wir in die Agentur vor Ort eingeladen und präsentierten unsere Kampagnen im Stil eines Pitchs. Auch Rundführungen durch die Agentur und persönliche Gespräche mit den Mitarbeitenden vermittelten erste reale Eindrücke und schufen eine Vorstellung von der Agentur selbst und dem atmosphärischen Arbeitsumfeld – es entsteht ein Bezug zu den Menschen, die dort arbeiten.

Jon Lennart Wulff, Referent des Leiters M&A/Corporate Development, opta data Gruppe in Essen
Wie kann man Ihrer Meinung und Erfahrung nach am besten die Talente von heute und die Mitarbeiter:innen von morgen erreichen?

Meines Erachtens können Talente in erster Linie durch barrierearme Kommunikationsangebote respektvoll auf Augenhöhe erreicht werden; die Angebote sollten vom Talent nicht als gezielte

Recruiting-Maßnahme wahrgenommen werden, sondern eher informativen und authentischen Charakter aufweisen. Das sind für mich vor allem fachlich interessante LinkedIn-Konten (z. B. Timotheus Höttges von der Telekom), Fachtagungen mit bezahlbaren Ticketpreisen (Digital X von der Telekom, Fuckup Nights) und insbesondere informelle Austauschformate des persönlichen Netzwerks (digital wie auch in Präsenz).

Dabei kann das bestehende persönliche Netzwerk auch als Fürsprecher und Multiplikator für eine:n Recruiter:in dienen. Akteur:innen mit fachlicher Kompetenz und einem loyalen Charakter sprechen sich im persönlichen Netzwerk herum. Daraus ergeben sich einerseits spannende gemeinsame (Kooperations-)Projekte, aber andererseits auch Arbeitsverhältnisse.

Von unterhaltsamen Kommunikationsmaßnahmen besonders im Bereich des Azubi- und Trainee-Recruiting halte ich persönlich weniger. Dafür ist die Jobwahl speziell in diesen herausfordernden (inter)nationalen Zeiten (Kriege, Klima, Inflation, Wohnraummangel etc.) zu elementar. Der Spaß im Team ist sicherlich ein wichtiger Faktor für junge Generationen, insbesondere unter Beachtung zunehmender Vereinsamung in der Gesellschaft (40% Single-Haushalte in Deutschland), allerdings sind berufliche Sicherheit und persönliche und fachliche Entfaltung in diesen Zeiten gegebenenfalls stärkere Motive bei der Berufswahl, weshalb diese meines Erachtens zumindest ergänzend bei allen Formaten und Inhalten berücksichtigt werden sollten.

Welche Instrumente eignen sich aus Ihrer Perspektive als Alumnus und als externer Hochschuldozent dafür am ehesten?

Hierbei sollte meines Erachtens zwischen Instrumenten für den Erst- und Zweitkontakt unterschieden werden. Für den Erstkontakt eignen sich LinkedIn, Kaffeetreffen und Firmenveranstaltungen, die man als Externe:r besuchen darf. Diese Firmenveranstaltungen sollten nicht an neutralen, unauthentischen Messeständen stattfinden, sondern am Firmenstandort, sodass dieser betrachtet werden kann und es möglich ist, sich einen authentischen Eindruck zu verschaffen.

Der Zweitkontakt bzw. die weitere Informationsbeschaffung erfolgt dann in Eigenrecherche auf der Website, über Social Media und im Rahmen vertiefender Gespräche.

Aus meiner Sicht ergeben sich bei dem Prozess der heutigen Jobauswahl von Talenten erhebliche Parallelitäten zu der Reduzierung des »Kaufrisikos«, das aus der Marktpsychologie bekannt ist.

Und welche Instrumente sind Ihrer Erfahrung nach weniger geeignet, um mit Studierenden in den Austausch zu treten?

Kommunikationsmaßnahmen, die werbend, kostenpflichtig, nicht authentisch sowie einseitig (Vorträge) sind und keinen vorzeitigen Exit (Verlassen des Ortes) bei Desinteresse ermöglichen.

Welche Gelegenheiten und Orte an Hochschulen sind am erfolgversprechendsten, um Studierende auf sich aufmerksam zu machen?

Praxisprojekte mit Unternehmen in Begleitung mit Entscheider:innen des Unternehmens. Durch Professor:innen vermittelte Kaffeetreffen mit Unternehmensentscheider:innen und Recruiter:innen mit einem Charakter des lockeren Austausches ohne gezielte Absichten beider Seiten.

Welche Ansprechpartner:innen und Verantwortlichen an Hochschulen sollten seitens arbeitgebender Unternehmen bzgl. der Planung und Umsetzung von Campus-Recruiting- bzw. Hochschulmarketingmaßnahmen miteinbezogen werden?

Professor:innen, denn einerseits sind diese bestenfalls auch Vertrauensperson für die Studierenden und andererseits haben sie oftmals im Unternehmen die Kontakte zu den Entscheider:innen wie u. a. Geschäftsführung oder Head of Recruiting. Aus meiner Sicht ist Recruiting Chefsache, da die richtige Jobwahl noch nie so wichtig und so voller Möglichkeiten war wie heute.

Welche Dos & Don'ts empfehlen Sie aus Ihrer Erfahrung als Alumnus und als externer Hochschuldozent zu Campus-Recruiting und Hochschulmarketing?
- Kommunikation auf Augenhöhe und im Dialog statt einseitiger Kommunikation, dabei sind unbeantwortete Nachrichten im Sinne des Ghostings maximal unprofessionell
- Head of Recruiting oder andere Entscheider:innen als Kommunikationspartner:innen anstelle von Recruiter:innen niedriger Entscheidungsebene
- freiwillige Angebote, niemals Pflichtveranstaltungen
- formloses Kaffeetrinken am Unternehmenssitz mit Bürobegehung statt digitaler Gesprächsangebote
- nachgehende Kommunikation via LinkedIn oder WhatsApp statt E-Mail oder gewöhnlichen Telefonanrufs

Welche »Best Practice«-Erfahrungen haben Sie als Alumnus und als externer Hochschuldozent mit Campus-Recruiting-Maßnahmen gemacht?

Das durch eine Professorin vermittelte Kaffeetrinken mit zwei HR-Recruiterinnen in der Firmenzentrale mit Bürobegehung als gegenseitiger formloser Austausch ohne Recruiting-Zielsetzung. Dieser Kontakt hielt jahrelang über LinkedIn und schlussendlich hat man einander sogar jährlich Weihnachtskarten geschrieben. Auch wenn es nie zur Zusammenarbeit kam, war es schön zu wissen, dass jederzeit gegenseitiges Interesse an einer Zusammenarbeit als Arbeitnehmer und -geber bestand.

Und welche »Worst Practice«-Erfahrungen haben Sie mit Campus-Recruiting-Maßnahmen gemacht?

Ein Firmenvortrag als Pflichtveranstaltung mit Firmenpräsentation, voller Eigenlob und ohne jegliche Selbstkritik. Die Referentin stand danach nur älteren Entscheider:innen zur Verfügung und nicht den Studierenden. Dabei fehlten Dialog, Respekt sowie fachlich und persönlich spannender Input.

Fabian Degen, Manager Commercial Excellence, HERAEUS in Hanau
Wie kann man Ihrer Meinung und Erfahrung nach am besten die Talente von heute und die Mitarbeiter:innen von morgen erreichen?
- **Optimierung der Onlinepräsenz:** Durch eine ansprechende Website, aktive Social-Media-Kanäle (je nachdem, wen man als Mitarbeiter:in sucht, ist hier zu differenzieren, welcher Kanal gewählt werden sollte, bspw. LinkedIn/XING oder Instagram/TikTok) und relevanten Content werden potenzielle Talente auf das Unternehmen aufmerksam.
- **Stärkung des Employer Branding (auch als Content für die Onlinepräsenz):** Eine klare Unternehmenskultur, authentische Mitarbeitergeschichten und attraktive Arbeitsbedingungen helfen, das Image als attraktiver Arbeitgeber zu festigen.
- **Netzwerke und Kooperationen:** Durch Zusammenarbeit mit Organisationen, Hochschulen und Ausbildungseinrichtungen können potenzielle Talente erreicht werden.
- **Weiterentwicklungsmöglichkeiten bieten:** Die Darstellung von Karrierepfaden und Weiterbildungsangeboten zeigt, dass Entwicklungsmöglichkeiten vorhanden sind.
- **Aktives Talent-Management:** Durch individuelle Förderung, regelmäßige Feedbackgespräche und Karriereplanung werden Talente erkannt, entwickelt und langfristig gehalten, das sorgt nicht nur für Mitarbeiterbindung und -zufriedenheit, sondern wirkt über Mund-zu-Mund-Propaganda auch nach außen.

Welche Instrumente eignen sich aus Ihrer Perspektive als Alumnus und als externer Hochschuldozent dafür am ehesten?
- **Gastvorträge & Dozententätigkeiten:** Beispielsweise im eigenen Fachbereich an Hochschulen. Durch berufliche Expertise kann man Studierenden praxisnahe Einblicke geben und das eigene Netzwerk erweitern.
- **Mentoring-Programme:** Engagement als Mentor:in für Studierende oder junge Berufstätige.
- **Praktika und Werkstudentenstellen:** Praktikums- oder Werkstudentenstellen im Unternehmen zur Verfügung stellen. Dies ermöglicht direkten Kontakt zu talentierten Studierenden und gibt diesen die Möglichkeit, wertvolle praktische Erfahrungen zu sammeln.
- **Kooperationen mit Hochschulen und Universitäten:** Bestehende Netzwerke von Hochschulen und Universitäten nutzen und Zugang zu potenziellen Talenten in verschiedenen Fachbereichen erhalten.
- **Onlineplattformen:** LinkedIn und XING nutzen, um nach Studierenden und Absolventen zu suchen oder sich mit ihnen zu vernetzen.

Welche Instrumente sind Ihrer Erfahrung nach weniger geeignet, um mit Studierenden in den Austausch zu treten?

Einige der oben genannten Instrumente wie die Gastvorträge haben vielleicht eher eine indirekte Wirkung, gut gemacht können aber viele Instrumente orchestriert eine zufriedenstellende Wirkung erzielen, auch wenn der Erfolg mancher Instrumente nicht einfach messbar ist

Welche Gelegenheiten und Orte an Hochschulen sind am erfolgversprechendsten, um Studierende auf sich aufmerksam zu machen?

Gastvorträge und Dozententätigkeiten, da man sich hier intensiv vorstellen und auf die Studierenden wirken kann.

Welche Ansprechpartner:innen und Verantwortlichen an Hochschulen sollten seitens arbeitgebender Unternehmen bzgl. der Planung und Umsetzung von Campus-Recruiting- bzw. Hochschulmarketingmaßnahmen miteinbezogen werden?

Career Office und relevante Dozent:innen.

Welche Dos & Don'ts empfehlen Sie aus Ihrer Erfahrung als Alumnus und als externer Hochschuldozent zu Campus-Recruiting und Hochschulmarketing?

Dos:
- zielgruppenspezifische Ansprache
- Präsenz auf dem Campus
- Aufbau von Beziehungen zu Dozent:innen und Career Office
- Praktika und Werkstudentenstellen anbieten
- gutes und authentisches Employer Branding
- Social Media und Onlinepräsenz nutzen

Don'ts:
- unpersönliche und generische Ansprache
- (offensichtlich) übertriebene Versprechungen
- fehlende Präsenz auf dem Campus

Welche »Best Practice«-Erfahrungen haben Sie als Alumnus und als externer Hochschuldozent mit Campus-Recruiting-Maßnahmen gemacht?

Ich erinnere mich an ein Gespräch in meiner Studienzeit mit einem Recruiter, den ich auf einer Karrieremesse getroffen habe. Im Gespräch wurde mir klar, dass der Job und das Unternehmen nicht passen. Trotzdem hat er sich Zeit genommen und mir gute Tipps für weitere Vorstellungsgespräche und Karriereschritte gegeben. Das Unternehmen ist mir dadurch sehr positiv in Erinnerung geblieben.

Und welche »Worst Practice«-Erfahrungen haben Sie mit Campus-Recruiting-Maßnahmen gemacht?

Ebenfalls während meiner Studienzeit hatte ich ein Gespräch mit einem anderen Recruiter, der sehr arrogant aufgetreten ist und den Eindruck vermittelt hat, man müsse sich sehr freuen, wenn man es in sein Unternehmen schafft. Das wirkt für mich antiquiert und unsympathisch.

Maximilian Kersten, Senior Strategic Consultant, Schwarz+Matt in Dortmund & Tim Schmacke, Executive Assistant CEO, E. Breuninger GmbH & Co. in Stuttgart
Wie kann man Ihrer Meinung und Erfahrung nach am besten die Talente von heute und die Mitarbeiter:innen von morgen erreichen?

MK: Aus meiner Sicht gibt es da nicht den einen Weg. Der erste Schritt muss sein, als Unternehmen eine klare Marke und eine eigene DNA zu entwickeln. Dies führt dazu, dass das Unternehmen nicht generisch wirkt, sondern wirklich die potenziellen Mitarbeiter:innen anzieht, die zu ihm passen, z. B. mit einem ähnlichen Wertekonstrukt oder einer Vision, die verbindet. Ist man sich über Basis/Fundament im Klaren, wird es hinterher eine Vielzahl von Kanälen und Maßnahmen geben müssen. Die Kombination aus digital und Real Life ist da sicherlich die beste Lösung. Kreative Lösungen und zielgruppengerechte Kommunikation (basierend auf der entwickelten Marke) werden immer den Unterschied machen. Sicherlich werden auch neue Arbeitsweisen und -wege wichtig sein, um die Talente von morgen zu erreichen.

TS: Wie so oft kommt es auf den richtigen Mix der relevanten Kanäle an. Zunächst sollte das Unternehmen genau wissen, welche Zielgruppe es erreichen möchte. Anschließend ist zu bewerten, über welche Kanäle diese Zielgruppen am effizientesten zu erreichen sind. Dabei gibt es sicherlich nicht den einen Kanal, sondern einen Mix aus digitalen sowie analogen Kommunikationswegen. Zudem hat es sich bewährt, eine:n Rezipient:in mehrmals auf unterschiedlichen Kanälen zu erreichen. Somit ist die Bruttoreichweite z. B. einer Anzeige via Instagram und über Billboard, mit mehreren Kontaktpunkten einer Person, nicht zwingend negativ, sondern verhilft dazu, tatsächlich als Unternehmen wahrgenommen zu werden. Wesentlich ist hierbei die Art und Weise der Kommunikation, also die Botschaft. Diese sollte eindeutig zu verstehen sein und, viel wichtiger, zur Unternehmens-DNA passen. Dabei ist zu berücksichtigen, dass Kommunikation immer wechselseitig geschieht. Zum einen möchte ein Unternehmen für sich werben und potenzielle Talente ansprechen. Zum anderen erhält ein:e Rezipient:in einen ersten Eindruck von bzw. Zugang zu der Unternehmensidentität, d. h., das Unternehmen »pitcht« im Regelfall als Erstes.

Welche Instrumente eignen sich aus Ihrer Perspektive als Alumni und als externe Hochschuldozenten dafür am ehesten?

MK: Der persönliche Austausch im Rahmen der Vorlesungen und auch Praxisprojekte und Unternehmensbesuche sind ein erster guter Ankerpunkt. Auch die Betreuung von Bachelor- und Masterarbeiten kann ein erstes gutes Vehikel sein, um eine engere Verbindung mit den Talenten zu schaffen. Ebenso können sich die Vernetzung via LinkedIn und der Aufbau eines eigenen Netzwerkes positiv auswirken. Das gute alte »Word of Mouth« ist dann wirklich wichtig. Über Weiterempfehlungen, Mentorenprogramme und Co. kommt man dann an die Talente von Morgen.

Und welche Instrumente sind Ihrer Erfahrung nach weniger geeignet, um mit Studierenden in den Austausch zu treten?

MK: Hier eignen sich wirklich fast alle Instrumente, besonders digitale Kanäle werden präferiert. Manchmal wirken Netzwerkveranstaltungen, Karrieretage o.Ä. nicht mehr zeitgemäß und daher weniger attraktiv auf die Studierenden.

Welche Gelegenheiten und Orte an Hochschulen sind am erfolgversprechendsten, um Studierende auf sich aufmerksam zu machen?

TS: Neben Gastvorträgen an Hochschulen ist es vor allem die enge Zusammenarbeit mit den Studierenden, z.B. im Rahmen einer Case Study bzw. eines Forschungsprojektes. Hier lernen sich beide Seiten kennen und entwickeln ein erstes Verständnis füreinander. Über diesen Schritt wird das Anspruchsniveau für beide Seiten transparent sowie die Zusammenarbeit erstmals erprobt.

MK: Hier sehe ich es sehr ähnlich wie Tim Schmacke. Forschungsprojekte bieten für beide Seiten einen wunderbaren Einstieg in eine fachliche Zusammenarbeit und zeigen mögliche Perspektiven auf. Außerdem sind Vor-Ort-Besuche in den Unternehmen des jeweiligen Dozenten bzw. der jeweiligen Dozentin ein gutes Mittel, um mit Studierenden ins Gespräch zu kommen. Die Einblicke in das »echte« Arbeitsleben schätzen die Studierenden sehr und können viele Fragen stellen.

Welche Ansprechpartner:innen und Verantwortlichen an Hochschulen sollten seitens arbeitgebender Unternehmen bzgl. der Planung und Umsetzung von Campus-Recruiting- bzw. Hochschulmarketingmaßnahmen miteinbezogen werden?

MK: Aus meiner Sicht gibt es hier zwei Ebenen, die wichtig sind. Auf der einen Seite sollen die Marketingverantwortlichen der Hochschule mit dabei sein, um das jeweilige Unternehmen und dessen Ziele gut einschätzen zu können. Außerdem sollten Personen aus dem fachlichen Kontext miteinbezogen werden: Professor:innen/Studiengangsleiter:innen oder Modulverantwortliche. Diese können auch eine wirkliche Brücke schlagen zwischen Recruiting und fachlicher Auseinandersetzung mit dem Unternehmen (Stichwort Case Study).

Welche Dos & Don'ts empfehlen Sie aus Ihrer Erfahrung als Alumni und als externe Hochschuldozenten zu Campus-Recruiting und Hochschulmarketing?

MK:
Dos:
- Netzwerk: Kontakte zu Professor:innen, Dozent:innen und anderen Alumni. Networking ist entscheidend, um Informationen über potenzielle Jobmöglichkeiten und hochkarätige Kandidat:innen zu erhalten.
- Veranstaltungen: Veranstaltungen wie Gastvorträge, Workshops oder Karrieremessen. Dies ermöglicht es Unternehmen, sich direkt mit Studierenden auszutauschen und umgekehrt.
- Praktika und Praxiserfahrung: Ermöglichung von Praktika und Praxiserfahrungen für Studierende, dies kann den Übergang vom Studium zur Arbeitswelt erleichtern.
- Feedback: Konstruktives Feedback zu Lehrplänen und Bildungsprogrammen, um sicherzustellen, dass die Ausbildung den Bedürfnissen der Industrie entspricht.
- Karriereberatung: Studierende bei der Karriereentwicklung, wie z. B. bei der Erstellung von Lebensläufen und Vorstellungsgesprächen, unterstützen.
- Sichtbarkeit erhöhen: Soziale Medien, Blogs und andere Plattformen, um Expertise und Ihre Verbindung zur Hochschule zu zeigen. Dies kann das Profil schärfen.

Don'ts:
- Aufdringliche Eigenwerbung: Sich selbst nicht zu sehr ins gute Licht stellen oder das Unternehmen zu aufdringlich präsentieren. Das kann bei Studierenden und der Hochschule negativ aufgenommen werden.
- Fehlende Authentizität: Authentisch und ehrlich in den Interaktionen mit Studierenden und der Hochschule. Vermeidung von falschen Versprechungen oder Übertreibungen. Kombiniert mit einer offenen und regelmäßigen Kommunikation.
- Nicht up to date sein: Immer auf dem neuesten Stand bei aktuellen Entwicklungen im Fachbereich und in der Hochschulbildung sein. Veraltete Informationen können die Glaubwürdigkeit beeinträchtigen.

Welche »Best Practice«-Erfahrungen haben Sie als Alumni und als externe Hochschuldozenten mit Campus-Recruiting-Maßnahmen gemacht?

TS: Der persönliche und direkte Austausch hilft beiden Seiten, um ein Verständnis sowohl zur Person als auch zur möglichen beruflichen Perspektive zu erhalten. Dies ist wesentlich wertvoller als diverse schriftliche Kommunikation, bei der das »Zwischenmenschliche« meist zu kurz kommt.

MK: Die Einschätzung von Tim unterschreibe ich. Das Zwischenmenschliche ist das Zünglein an der Waage und macht oft den Unterschied aus. Wenn man sich fachlich und menschlich wohlfühlt, kann das der Startschuss für eine Zusammenarbeit sein. Meistens habe ich positive Erfahrungen gemacht, wenn es über das reine Recruiting hinausgeht und sich eher um ein fachliches Thema dreht oder um den Austausch mit den Dozent:innen. Netzwerk ist der Schlüssel.

Und welche »Worst Practice«-Erfahrungen haben Sie mit Campus-Recruiting-Maßnahmen gemacht?

MK: Zu aggressive Bewerbung des Unternehmens, E-Mail-Newsletter mit falschen Versprechungen oder zu häufige Kontaktierung sowie Empfehlung von völlig falschen potenziellen Jobs.

TS: Auch hier gilt das Sprichwort »Ehrlich währt am längsten«. Eine professionelle Darstellung bzw. Bewerbung des Unternehmens beinhaltet immer auch eine ehrliche Darstellung der Sachverhalte – d. h., es werden realistische Company Benefits, Aufgaben sowie Qualifikationsanforderungen beschrieben. Nur so kann es im zweiten Schritt zu einem Gespräch kommen, bei dem beide Parteien sich zwar von ihrer besten Seite präsentieren, jedoch auf eine professionelle und somit ehrliche Art und Weise.

6.3   Dozent:innen – welche Campus-Recruiting-Instrumente Hochschulakteur:innen schätzen

Hochschuldozent:innen spiegeln die vielfältige Perspektive von Campus-Recruiting-Maßnahmen wider, sie repräsentieren die Sicht von Lehrenden, Studierenden und externen Unternehmensvertreter:innen.

Prof. Dr. Tanja Zweigle, Dozentin, IU in Düsseldorf
Wie kann man Ihrer Meinung und Erfahrung als Hochschuldozentin nach am besten die Talente von heute und die Mitarbeiter:innen von morgen erreichen?

Die Hochschule selbst bietet eine hervorragende Plattform, um frühzeitig mit potenziellen Mitarbeitenden in Kontakt zu treten und als Unternehmen positiv auf sich aufmerksam zu machen. Dabei sollten die Unternehmen Bedürfnisse und Anforderungen der Studierenden (Gen Z) kennen.

Welche Instrumente eignen sich dafür am ehesten?

Ein meiner Erfahrung nach gut funktionierendes Instrument ist das Duale Studium, das bspw. von der IU angeboten wird. Dabei suchen nicht nur Unternehmen aktiv nach dual Studierenden, sondern auch Studierende fragen aktiv Unternehmen an, bei denen sie gerne dual studieren möchten. Unternehmen sollten derartigen Anfragen gegenüber offen sein. Denn das Duale

Studium ermöglicht den Studierenden, bereits während ihrer Ausbildung den (potenziellen) späteren Arbeitgeber kennenzulernen. Unternehmen bietet es die einzigartige Chance, im direkten Kontakt mit potenziellen Talenten zu sein. Eine weitere Möglichkeit ist die Kooperation mit Unternehmen im Rahmen von Seminaren. So habe ich z. B. Aufgabenstellungen in Zusammenarbeit mit den Firmen Warsteiner, Thalia Bücher, Weleda oder Douglas angeboten. Die Studierenden konnten in Gruppen reale Fragestellungen für die Unternehmen bearbeiten und vor Unternehmensvertreter:innen präsentieren. Eine hervorragende Möglichkeit für Unternehmen, sich den Studierenden zu präsentieren, zumal die Praxispartner die besten Gruppen jeweils zu sich eingeladen hatten. Durch diese Erlebnisse profitieren Praxispartner von einer erhöhten Awareness sowie einer positiven Wahrnehmung bei den Studierenden.

Und welche Instrumente sind Ihrer Erfahrung als Hochschuldozentin nach weniger geeignet, um mit Studierenden in den Austausch zu treten?

Klassische, wenig ansprechende Aushänge.

Welche Gelegenheiten und Orte an Hochschulen sind am erfolgversprechendsten, um Studierende auf sich aufmerksam zu machen?
- Duales Studium / direkte Zusammenarbeit mit Praxispartnern
- Werkstudierende (z. B. in Kombination mit einem Fernstudium)
- Kooperationen mit Unternehmen im Rahmen von Praxisseminaren
- Besichtigung/Besuche von Studierenden in Unternehmen bzw. von Praxisveranstaltungen (z. B. Workshops, Summits)
- Praxisvorträge von Unternehmen
- Kooperation im Rahmen von Bachelor- oder Masterarbeiten

Welche Ansprechpartner:innen und Verantwortlichen an Hochschulen sollten seitens arbeitgebender Unternehmen bzgl. der Planung und Umsetzung von Campus-Recruiting-Maßnahmen miteinbezogen werden?

Die administrativen und akademischen Standortleitungen.

Welche Dos & Don'ts empfehlen Sie aus Ihrer Erfahrung als Hochschuldozentin zu Campus-Recruiting und Hochschulmarketing?

Dos:
- seitens des Unternehmens glaubhaftes Interesse und Eingehen auf die Bedürfnisse der Studierenden (Was ist den Studierenden am Unternehmen ihrer Wahl wichtig?)
- Transparenz des Unternehmens hinsichtlich Unternehmenskultur und -werten sowie authentische Darstellung
- Anbieten von »Erlebnissen« in Zusammenhang mit dem Unternehmen

- Kommunikation auf Augenhöhe (Unternehmensvertreter:innen an den Hochschulen, die authentisch und in Duz-Kultur als Identifikationsplattform dienen können)
- Social-Media-Aktivitäten sowohl eher »seriös, aber zielgruppengerecht« auf LinkedIn als auch »überraschend, aber relevant« auf TikTok und Instagram

Don'ts:
- langweilige Standardfirmenpräsentationen vorgetragen von der (Groß-)Elterngeneration an den Hochschulen
- Präsenz an Recruiting-Messen *ohne* zielgruppenadäquate & kompetente Ansprechpartner:innen vor Ort, *ohne* Aktionen oder einzigartige Give-aways
- Standardaushänge an den Hochschulen
- zu geringe Einstiegsgehälter

Welche »Best Practice«-Erfahrungen haben Sie mit Campus-Recruiting- und Hochschulmarketingmaßnahmen gemacht?

Firmen müssen inhaltlich überzeugen und bereits von dual Studierenden oder Werkstudierenden als der Wunschpraxispartner auserkoren sein.

Und welche »Worst Practice«-Erfahrungen haben Sie zu Campus-Recruiting-Maßnahmen gemacht?

Dual Studierende fühlen sich beim Praxispartner nicht wohl, weil sie sich nicht mit dem Unternehmen identifizieren können, ihre Arbeit nicht anerkannt wird und/oder sie sich finanziell übervorteilt sehen. Das Arbeitsverhältnis wird dann meist schon während des Studiums oder aber spätestens nach Studienende beendet. Die Chance auf künftige Talente ist seitens der Unternehmen somit vertan.

Prof. Peter Schmies, Dozent, AMD in Köln
Wie kann man Ihrer Meinung und Erfahrung als Hochschuldozent nach am besten die Talente von heute und die Mitarbeiter:innen von morgen erreichen?

Durch offene, authentische und glaubwürdige Ansprache. Talente von heute und Mitarbeiter:innen von morgen möchten ernst genommen werden. Fragen stellen, zuhören, diskutieren, zum Nachdenken anregen. Zum Austausch auf Augenhöhe trägt auch bei, dass Hochschulvertreter:innen in einem Alter sind, das nicht zu weit weg von dem der Talente ist. Hilfreich ist es auch, wenn aktuell Studierende selbst für Studieninteressierte als Ansprechpartner:innen zur Verfügung stehen.

Welche Instrumente eignen sich dafür am ehesten?

- Eine Internetseite, auf der kurz und knackig auf das Angebot aufmerksam gemacht wird und auf der allgemeine Fragen beantwortet werden.
- Social-Media-Begleitung, idealerweise aus Anwendersicht (= Sicht der Studierenden), gepaart mit der Darstellung einzelner Kompetenzen und Absolventenvorstellungen.
- niederschwellige Angebote, z. B. regelmäßige Infoveranstaltungen online als Einstieg
- Individuelle persönliche Termine, sowohl in Präsenz als auch virtuell. Dabei kann auf die spezifische Situation der Interessent:innen eingegangen werden und diese individuell besprochen werden.

  In Präsenz besteht der Vorteil des direkten Kontakts in der Hochschule, d. h., der Raum kann wirken. Bei virtuellen Treffen ist die Hemmschwelle niedriger, Termine zu vereinbaren.

Und welche Instrumente sind Ihrer Erfahrung als Hochschuldozent nach weniger geeignet, um mit Studierenden in den Austausch zu treten?

Alles, was eher breite und unspezifische allgemeine Ansprachen beinhaltet.

Welche Gelegenheiten und Orte an Hochschulen sind am erfolgversprechendsten, um Studierende auf sich aufmerksam zu machen?

- Teilnahme an Career Days / Unternehmensmessen
- Vorträge von Unternehmensmitarbeiter:innen: sowohl einmalig als auch regelmäßig (das könnte auch eine Maßnahme im Rahmen Ihrer internen Personalentwicklung/Weiterbildung werden)
- Exkursion/Unternehmensbesuch: ebenfalls einmalig oder als regelmäßiger Besuch eines bestimmten Semesters (z. B. immer im 3. Semester) gezielt in einem Unternehmensbereich
- Praktika in unterschiedlichen Abteilungen
- Ausschreibung von Themen und gegebenenfalls Betreuung von Bachelor-/Masterarbeiten
- Vergabe von Projektthemen als Studierendenprojekte. Dabei sind unterschiedliche Grade der Involvierung/Unterstützung durch Unternehmen möglich: Von der reinen Themenvergabe (dann Briefing, Zwischen- und Abschlusspräsentation) zur eigenen Gestaltung als Referent:innen; Laufzeit in der Regel innerhalb eines Semesters.
- gezielter Kontaktaufbau zu und Förderung von besonders talentierten und leistungsstarken Studierenden durch Stipendien, z. B. Deutschland-Stipendium oder ein eigenes Unternehmensstipendium
- Ausschreibung eines Unternehmens-Awards: Hierbei könnte spezifisch festgelegt werden, welche Kompetenzen wichtig sind und unterstützt werden sollen.

Welche Ansprechpartner:innen und Verantwortlichen an Hochschulen sollten seitens arbeitgebender Unternehmen bzgl. der Planung und Umsetzung von Campus-Recruiting-Maßnahmen miteinbezogen werden?

Es hat sich bei uns bewährt, dass drei unterschiedliche Personengruppen dabei sind:

- Ansprechpartner:innen aus HR/Hochschulmarketing, die sowohl den großen Rahmen schaffen als auch Informationen zu Einstiegsmöglichkeiten und -wegen geben können.
- 1 oder 2 Senior Executives, die gezielt inhaltliche Informationen zu unterschiedlichen Bereichen geben können, durch ihr Know-how beeindrucken können und dabei nahbar sind. Das vermittelt den Teilnehmer:innen auch, dass der Termin als wichtig angesehen wird.
- 1 oder 2 Juniors, die authentisch über ihren individuellen Einstieg ins Unternehmen berichten. Im Idealfall sind sie sogar Absolvent:innen unserer Hochschule.

Welche Dos & Don'ts empfehlen Sie aus Ihrer Erfahrung als Hochschuldozent zu Campus-Recruiting und Hochschulmarketing?

Dos:
- Im Vorfeld: Relevanz des Unternehmens verdeutlichen. Mir fällt immer wieder auf, wie unterschiedlich die Perspektive von Studierenden auf Unternehmen ist im Gegensatz zu der der einladenden Dozent:innen. Und ich frage explizit das Interesse an dem Besuch ab und erkläre, warum ich Commitment einfordere und erwarte, dass diejenigen, die eine Teilnahme zugesagt haben, auch dabei sind.
- Mit den Unternehmen Themen besprechen, die für die Studierenden interessant sind bzw. sein können. Dabei auch Interessen der Studierenden erfragen – wobei meine Erfahrung ist, dass das häufig sehr vage bleibt.
  Und natürlich dabei schauen, welche Themen aus Unternehmenssicht präsentabel sind.

Bei Besuchen in den Unternehmen:
- Das ›Big Picture‹ darstellen: eine strategische Entwicklung des Unternehmens aufzeigen mit den zugrunde liegenden Entscheidungen. Das ist etwas, das Studierende sonst weniger mitbekommen oder verstehen.
- Die Teilnehmer:innen ernst nehmen und einbeziehen. Kleine Workshops oder Projekte (1–2 Std. Dauer maximal) haben sich bewährt und sorgen für Engagement.
- Unterschiedliche Bereiche vorstellen, die die Studierenden interessieren, je nach Interessensgruppe. Entweder technologisch neu und spannend – oder gesellschaftliche Trends abbildend.
- Unterschiedliche Karrierepfade ins Unternehmen darstellen.
- Eigentlich selbstverständlich, dennoch erwähnenswert: Spaß an dem Termin haben – und das auch nach außen hin vermitteln. Auch wenn sich irgendwelche Umstände kurzfristig verändert haben (Teilnehmergruppe ist kleiner als erwartet, Raum oder Technik anders als geplant usw.).

Bei Terminen in der Hochschule:
- Möglichst auch unterschiedliche Unternehmensvertreter:innen dabeihaben.
- Aufgrund des (meist) zeitlich begrenzteren Rahmens: Themenkonzentration, ansonsten ähnlich wie oben beschrieben.

Don'ts:

- No Bullshit-Talking. Wenn Fragen aus dem Publikum nicht beantwortet können (oder sollen), ist das okay, das sollte aber nicht durch Floskeln überspielt werden. Auch keine zu glänzenden Versprechungen, die einfach überprüft (und falsifiziert) werden können.
- Zudem: Nicht zu viele spezifische Details – es sei denn, das wurde dezidiert so vereinbart.

6.4 Unternehmensvertreter:innen – wie Arbeitgeber Campus-Recruiting angehen

Repräsentant:innen arbeitgebender Unternehmen aus den Bereichen HR und Employer Branding, die das (proaktive) Recruiting von Talenten der Generation Z auf ihre Agenda setzen, bewerten im Folgenden verschiedene Campus-Recruiting-Maßnahmen, die sie bereits eingesetzt haben, vorhaben einzusetzen oder begründet ablehnen.

Marina Sverdel, Domain Owner Marketing Tech und CRM Transformation, METRO.digital in Düsseldorf
Wie kann man Ihrer Meinung und Erfahrung als Hochschuldozentin und Unternehmensvertreterin nach am besten die Talente von heute und die Mitarbeiter:innen von morgen erreichen?

Als Hochschuldozentin ist es in der Tat von großer Bedeutung, die Talente von heute zu fördern und die Mitarbeiter:innen von morgen bestmöglich zu erreichen, um sie für Jobs zu begeistern. Insgesamt ist es wichtig, eine vielfältige und praxisnahe Ausbildung anzubieten, die den Studierenden die Möglichkeit gibt, ihre Talente zu entfalten und sich auf die Anforderungen des Arbeitsmarktes vorzubereiten. Dazu gehört nicht nur die Stoffvermittlung, sondern auch die Vermittlung und das Praktizieren von Arbeitsweisen.

Praxisbezug: Studierende sollten die Gelegenheit haben, praktische Erfahrungen zu sammeln und ihr Wissen in realen Situationen anzuwenden. Praktika, Projekte und Fallstudien können hierbei sehr hilfreich sein. Die Integration von praxisnahen Projekten und Fallstudien in den Lehrplan ermöglicht es den Studierenden, reale Probleme zu lösen und praktische Erfahrungen zu sammeln, die ihnen bei der Vorbereitung auf ihre zukünftigen Berufe helfen.

Individuelle Betreuung: Eine individuelle Betreuung der Studierenden kann dazu beitragen, ihre Talente zu erkennen und zu fördern. Hierbei können Feedbackgespräche und Mentoring-Programme helfen.

Aktualisierte Lehrpläne: Es ist enorm wichtig, dass die Lehrpläne den aktuellen Anforderungen des Arbeitsmarktes entsprechen. Dies erfordert regelmäßige Überarbeitung und Anpassung, um sicherzustellen, dass die Studierenden die relevanten Fähigkeiten und Kenntnisse erlernen.

Auch die Zusammenarbeit mit anderen Fachbereichen und Unternehmen kann den Studierenden helfen, ihre Fähigkeiten zu erweitern und neue Perspektiven zu gewinnen.

Gastvorträge und Industriekooperationen: Die Einladung von Fachleuten aus der Industrie zu Gastvorträgen oder um sie in die Lehre einzubeziehen, bietet den Studierenden Einblicke in die aktuellen Trends und Anforderungen des Arbeitsmarktes und vernetzt sie gleichzeitig mit den Machern.

Netzwerkmöglichkeiten: Die Organisation von Veranstaltungen, bei denen Studierende mit potenziellen Arbeitgebern in Kontakt treten können, erleichtert es ihnen, wichtige berufliche Kontakte zu knüpfen und potenzielle Arbeitsmöglichkeiten zu erkunden.

Technologie und digitale Kompetenz: Die Vermittlung von digitalen Kompetenzen und die Nutzung moderner Technologien in der Lehre sind entscheidend, um die Studierenden auf die Anforderungen einer digitalisierten Arbeitswelt vorzubereiten.

Welche Instrumente eignen sich dafür am ehesten?

Die effektivste Strategie kann je nach Branche, Zielgruppe und Unternehmenszielen variieren. Eine Kombination verschiedener Ansätze und die kontinuierliche Anpassung an die Erwartungen der Kandidat:innen sind entscheidend, um erfolgreiches Campus-Recruiting und Hochschulmarketing zu betreiben.

Karrieremessen: Die Teilnahme an Hochschulmessen und Karriereveranstaltungen bietet Unternehmen die Möglichkeit, direkt mit Studierenden in Kontakt zu treten und potenzielle Kandidat:innen zu identifizieren.

Praktika und Werkstudentenprogramme: Arbeitgeber können Praktikums- und Werkstudentenprogramme anbieten, um Studierende frühzeitig in das Unternehmen zu integrieren und sie von ihren Fähigkeiten und ihrem Potenzial zu überzeugen.

Unternehmenspräsentationen und Gastvorträge: Unternehmen sollten die Möglichkeit nutzen, an Hochschulen Präsentationen oder Gastvorträge zu halten, um Einblicke in ihre Arbeitskultur, Karrieremöglichkeiten und Branchentrends zu bieten.

Networking-Veranstaltungen: Die Organisation von Netzwerkveranstaltungen, bei denen Studierende und Vertreter:innen von Unternehmen zusammenkommen, ermöglicht es den Studierenden, Kontakte zu knüpfen und Informationen über potenzielle Arbeitgeber zu sammeln.

Onlinepräsenz: Eine starke Onlinepräsenz, einschließlich einer übersichtlich gestalteten Karriereseite auf der Unternehmenswebsite und aktiver Social-Media-Profile, hilft Unternehmen, sich bei Studierenden bekannt zu machen und Informationen über Karrieremöglichkeiten bereitzustellen.

Alumnibeziehungen: Die Pflege von Beziehungen zu Alumni, die bereits erfolgreich in Ihrem Unternehmen arbeiten, kann dazu beitragen, das Hochschulmarketing zu stärken, da diese Alumni als Botschafter für das Unternehmen auftreten können.

Zusammenarbeit mit Hochschulen: Die Zusammenarbeit mit Hochschulen bei der Entwicklung von Lehrveranstaltungen oder Forschungsprojekten kann Unternehmen in den Fokus der Studierenden rücken und gleichzeitig sicherstellen, dass die Ausbildung den Anforderungen des Arbeitsmarktes entspricht.

Employer Branding: Die Schaffung einer positiven Arbeitgebermarke durch transparente Kommunikation, vielfältige Karrieremöglichkeiten und eine attraktive Unternehmenskultur kann dazu beitragen, die Anziehungskraft des Unternehmens auf Studierende zu erhöhen.

Und welche Instrumente sind Ihrer Erfahrung als Hochschuldozentin und Unternehmensvertreterin nach weniger geeignet, um mit Studierenden in den Austausch zu treten?

Generell sollen Unternehmen aufgeschlossen auf die Rückmeldungen der Studierenden reagieren und sicherstellen, dass sie ihre Rekrutierungsstrategie entsprechend anpassen, um eine positive Wahrnehmung und erfolgreiche Interaktion zu fördern.

Folgende Maßnahmen finde ich weniger geeignet:

Unpersönliche Massen-E-Mails: Das Versenden von Massen-E-Mails an Studierende ohne persönlichen Bezug oder spezifischen Mehrwert kann oft ignoriert oder als Spam wahrgenommen werden.

Mangelnde Informationstransparenz: Wenn Unternehmen nicht ausreichend Informationen über ihre Karrieremöglichkeiten, Anforderungen und Unternehmenskultur bereitstellen, kann dies dazu führen, dass Studierende desinteressiert sind.

Nicht auf Feedback hören: Unternehmen sollten das Feedback der Studierenden zu ihren Rekrutierungsbemühungen berücksichtigen und sich anpassen, um den Bedenken und Wünschen der Kandidat:innen Rechnung zu tragen.

Elena Erbes, Personal Marketing, BVG in Berlin
Wie kann man Ihrer Meinung und Erfahrung als HR-Verantwortliche von Unternehmens- und Arbeitgeberseite nach am besten die Talente von heute und die Mitarbeiter:innen von morgen erreichen?

Um Talente und zukünftige Mitarbeiter:innen zu erreichen, ist eine Zielgruppenanalyse unabdingbar. In der heutigen Arbeitswelt sind unterschiedliche Generationen vertreten – von Boomer bis Generation Z. Diese haben eine ganz eigene Erwartungshaltung gegenüber z. B. Arbeitgebern oder Arbeitswelten. Nur wenn wir wissen, welche Vorlieben und Wertvorstellungen sie vertreten, können wir entsprechende, zielgruppenspezifische Maßnahmen ableiten. Dazu gehört vor allem, Talente dort zu erreichen, wo sie sich aufhalten. Je nach Zielgruppe werden andere Kanäle bevorzugt.

Wenn wir junge Menschen für eine Ausbildung in der IT begeistern wollen, müssen wir andere Maßnahmen ergreifen als bei Fachkräften für den Fahr- und Verkehrsdienst. So besuchen wir bspw. für Ausbildungsberufe entsprechende Ausbildungs- und Studienmessen, in denen wir über unser Ausbildungsangebot sprechen. Für den Fahr- und Verkehrsdienst veranstalten wir regelmäßig sog. »Bus zum Anfassen«-Events, bei denen Interessierte u. a. mal eine Runde mit dem Bus fahren können.

Bei der Suche nach neuen Kolleg:innen ist auch die Unterscheidung zwischen aktiven und passiven Kandidat:innen von Bedeutung. Zum einen gibt es Menschen, die aktiv nach einem neuen Job, einer Ausbildung oder einem Studium suchen. Diese halten sich meist unmittelbar auf Jobportalen oder Karriereseiten auf.

Passive Kandidat:innen hingegen sind bereits bei einem Arbeitgeber in Anstellung. Sie sind nicht aktiv auf der Suche nach einem neuen Job, schließen einen Wechsel aber gegebenenfalls nicht aus. Diese Personen trifft man häufig auf den gängigen Social-Media-Kanälen mit gesponserter Werbung an.

Unabhängig von den genannten Recruiting-Aktionen können auch imagefördernde Maßnahmen umgesetzt werden, um das Unternehmen als attraktiven Arbeitgeber zu präsentieren. Dazu zählen interessante Arbeitgeberkampagnen, die Teilnahme an wichtigen Events, wie z. B. dem Christopher Street Day, oder Unternehmensprofile mit unterhaltsamem Content auf Social Media. Wenn unser Unternehmen ein gutes Image hat, ist die Wahrscheinlichkeit höher, dass potenzielle Kandidat:innen sich bei uns bewerben.

Welche Instrumente eignen sich dafür am ehesten?

Es gibt viele verschiedene Instrumente im Personalmarketing, um potenzielle Kandidat:innen zu erreichen. Grundsätzlich müssen wir bei allen Maßnahmen beachten, dass es kein ultimatives Instrument, kein Richtig und Falsch für den Erfolg bei allen Zielgruppen gibt. Im Regelfall ist ein Zusammenspiel aus verschiedenen, auf die Zielgruppe individuell abgestimmten Maßnahmen der Schlüssel zum Erfolg. Dazu zählt bspw. die Karriereseite als Visitenkarte des Unternehmens. Sie ist Teil der Candidate Journey und ermöglicht es Interessierten, sich über die BVG und unsere Angebote zu informieren. Von hoher Bedeutung sind außerdem Messen und Events, um eine emotionale Bindung zwischen den Zielgruppen und der BVG herzustellen. Dafür eignen sich auch Exkursionen in Präsenz oder online, wie bspw. Live-Streams zu Jobs oder inhaltlichen Themen. Weitere Möglichkeiten bestehen im Rahmen des Active Sourcing. Dazu gehören die gezielte Suche und Ansprache von potenziellen Kandidat:innen, z. B. über soziale Netzwerke, oder der Aufbau eines Talent-Pools. Letzteres ist empfehlenswert, um langfristig Kontakt zu interessanten Talenten zu halten. Diese Aufgaben können auch von einem Talent-Akquisition-Team übernommen werden. Auch Social Recruiting, also die Personalgewinnung über Social-Media-Kanäle, ist heutzutage sehr wichtig, um vor allem jüngere Generationen zu erreichen.

Und welche Instrumente sind Ihrer Erfahrung als HR-Verantwortliche nach weniger geeignet, um mit Studierenden in den Austausch zu treten?

Unserer Erfahrung nach sind Printmedien für den Austausch mit Studierenden nicht gut geeignet. Dazu zählen z. B. Plakate oder Flyer an Universitäten und Hochschulen. Das liegt vor allem daran, dass Printmedien aufgrund der einseitigen Kommunikationsweise keinen direkten Kontakt und somit auch keinen Austausch mit Studierenden ermöglichen. Auf diese Weise betrachtet sind sämtliche Instrumente der einseitigen Kommunikation für den Austausch mit potenziellen Kandidat:innen in der heutigen Zeit eher ungeeignet.

Welche Gelegenheiten und Orte an Hochschulen sind am erfolgversprechendsten, um Studierende auf sich aufmerksam zu machen?

Am besten ist es, die Studierenden dort zu erreichen, wo sie sich (fast) täglich aufhalten: in den Vorlesungen, sowohl on- als auch offline. Dabei ist es jedoch wichtig, dass Unternehmen keine Werbeveranstaltungen durchführen, sondern als Experten ihr Wissen mit den Studierenden teilen. Als Beispiel können sie im Rahmen von Gastvorträgen in Vorlesungen inhaltlich zum Studiengang beitragen und dadurch Studium und Berufsleben sinnvoll in Einklang bringen.

Somit erhalten die Studierenden nicht nur spannende Einblicke in Projekte und das Unternehmen, sondern erfahren auch, welche Berufs- und Einstiegsmöglichkeiten es gibt. Weitere Optionen sind Kooperationen mit den Hochschulen und Universitäten in Form von Exkursionen, der Teilnahme an Karrieretagen sowie der Zusammenarbeit mit Career Services.

Welche Ansprechpartner:innen und Verantwortlichen an Hochschulen sollten seitens arbeitgebender Unternehmen bzgl. der Planung und Umsetzung von Campus-Recruiting- bzw. Hochschulmarketingmaßnahmen miteinbezogen werden?

Häufig ist der erste Kontaktpunkt mit Hochschulen der jeweilige Career Service. Je nach Maßnahme ist es sinnvoll, ergänzend einen regen Austausch mit Professor:innen und Dozierenden zu pflegen, um bspw. mit diesen direkt Gastvorträge oder Exkursionen umzusetzen. Des Weiteren können besonders Hochschulgruppen oder Alumni bei Marketingmaßnahmen unterstützen und von Vorteil für den Erfolg einer Maßnahme sein, da die Zusammenarbeit nahbar und authentisch ist. Letzteres bietet sich z.B. an, wenn ehemalige Studierende heute bei der BVG arbeiten und ihren Berufsweg mit neuen Studierenden teilen. Durch die richtigen Ansprechpartner:innen innerhalb eines Unternehmens wird das Campus-Recruiting gestärkt und die Authentizität hervorgehoben.

Welche Dos & Don'ts empfehlen Sie aus Ihrer Erfahrung als HR-Verantwortliche zu Campus-Recruiting und Hochschulmarketing?

Wie bereits zu Beginn erwähnt, ist das Zusammenspiel verschiedener Maßnahmen wichtig für den Marketingerfolg. Deswegen empfehlen wir die Kombination verschiedener Instrumente und Optionen, um die Zielgruppen bestmöglich zu erreichen. Zu unseren Dos gehören hier erfahrungsgemäß die Zusammenarbeit mit Alumni, die Betreuung von Abschlussarbeiten und Praxisprojekten sowie Coachings oder auch sog. Bewerbungsmappen-Checks.

Unsere Don'ts im Rahmen des Campus-Recruiting und Hochschulmarketings sind Maßnahmen, die unseren Zielgruppen keinen Mehrwert bieten oder widersprüchlich sind. Ein Austausch sollte zudem auf Augenhöhe stattfinden. Reine Werbeveranstaltungen ohne inhaltlichen Mehrwert sind für uns ein No-Go. Im Hinblick auf die Kommunikation mit unserer Zielgruppe haben wir die Erfahrung gemacht, dass Authentizität ein entscheidender Faktor ist. Das Unternehmen sollte duzen, wenn im Unternehmenskontext auch geduzt wird, und nur das versprechen bzw. bewerben, was auch tatsächlich im Unternehmen gelebt wird.

Welche »Best Practice«-Erfahrungen haben Sie mit Campus-Recruiting-Maßnahmen gemacht?

Expert:innen aus der IT und dem Ingenieurwesen haben an der TU Berlin Gastvorträge gehalten. Dies fand im Rahmen einer Zusammenarbeit mit einer studentischen Initiative statt. Das Highlight war eine gemeinsame U-Bahn-Cabriofahrt am Ende der Veranstaltung. Auch Exkursionen auf Baustellen, in U-Bahn-Tunneln oder Werkstätten werden sehr gut angenommen.

Und welche »Worst Practice«-Erfahrungen haben Sie mit Campus-Recruiting-Maßnahmen gemacht?

Aktuell haben wir glücklicherweise noch keine schlechten Erfahrungen in Bezug auf Recruiting-Maßnahmen für Campus- und Hochschulmarketing gemacht.

Thilo Zech, Leiter Recruiting, INEOS in Köln
Wie kann man Ihrer Meinung und Erfahrung als HR-Verantwortlicher von Unternehmens- und Arbeitgeberseite nach am besten die Talente von heute und die Mitarbeiter:innen von morgen erreichen?
- Vorträge/Präsenz am Campus durch Unternehmensvertreter:innen
- Kooperationen mit Hochschulen

- Werbung auf Websites der Hochschulen (z. B. dort, wo Studierende auch den Stundenplan u. a. finden)
- Nutzung der lokalen Medien, z. B. Lokalradio
- Präsenz auf Studierendenplattformen und Uni-Karriereportalen
- Vorlesungsräume gegebenenfalls mit Infomaterial bestücken (sofern gewünscht und erlaubt)

Welche Instrumente eignen sich dafür am ehesten?
- Onlinemarketing & Social Media, z. B. LinkedIn und Instagram
- »knackige« und ansprechende Flyer
- Active Mailing (z. B. über Studierendenplattformen oder im Vorfeld von Messen)
- Pop-up-Werbung/Werbebanner
- Sponsoring z. B. von sportlichen Aktivitäten oder anderen Veranstaltungen der Universität

Welche Instrumente sind Ihrer Erfahrung als HR-Verantwortlicher nach weniger geeignet, um mit Studierenden in den Austausch zu treten?
- Infos mit zu viel Text oder solche, die nicht smartphonekompatibel abgerufen werden können
- Videos & Podcasts, die zu lang sind

Welche Gelegenheiten und Orte an Hochschulen sind am erfolgversprechendsten, um Studierende auf sich aufmerksam zu machen?
- Hochschulmessen & Karrieretage
- direkter Kontakt zu Fachschaften & Lehrstühlen
- Kurzvorstellung in Vorlesungen
- Vorträge

Welche Ansprechpartner:innen und Verantwortlichen an Hochschulen sollten seitens arbeitgebender Unternehmen bzgl. der Planung und Umsetzung von Campus-Recruiting- bzw. Hochschulmarketingmaßnahmen miteinbezogen werden?
- Fachdozent:innen
- Fachgebietsleiter:innen
- Professor:innen

Welche Dos & Don'ts empfehlen Sie aus Ihrer Erfahrung als HR-Verantwortlicher zu Campus-Recruiting und Hochschulmarketing?

Dos
- »Weniger ist mehr« – lieber nur 1 oder 2 Unis, als überall vertreten sein zu wollen.
- Ehemalige Studierende der jeweiligen Hochschule, die heute Mitarbeiter:innen des Unternehmens sind, sind gute Botschafter und Verbinder.

Don'ts

- Überzogene Erwartungen an kurzfristige große Erfolge, z.B. Lösung des Fachkräftemangels.
- Zeitaufwand/Ressourcen (aus Firmensicht) sind nicht zu unterschätzen – in der Regel ist Hochschulmarketing in Firmen nur ein relativ kleiner Teilbereich der HR-Arbeit.

Welche »Best Practice«-Erfahrungen haben Sie mit Campus-Recruiting-Maßnahmen gemacht?

Bisher erfolgte unser Kontakt nicht direkt über die Universitäten, sondern über Karrierezentren, die mit den Unis vernetzt sind und die Stellen für die Unternehmen ausschreiben. Das war aus Unternehmenssicht ausreichend, da es den Ressourcenaufwand reduziert hat. Außerdem wurden die Ausschreibungen dann an der Uni an den richtigen Stellen und regelmäßig platziert.

Und welche »Worst Practice«-Erfahrungen haben Sie mit Campus-Recruiting-Maßnahmen gemacht?

Organisation, Strukturen und Zuständigkeiten sind unseres Erachtens an den Hochschulen sehr unterschiedlich und für Unternehmen oft nicht einfach zu durchschauen (was ein weiterer Grund für die Nutzung der Karrierezentren war).

7 Thesen zu Campus-Recruiting und Hochschulmarketing

Demografischer Wandel, Personalnotstand, Fachkräftemangel und die Auswirkungen auf den Arbeitnehmermarkt sind keine bloßen Zukunftsszenarien, sondern bereits (bittere) Realitäten. Die veränderte Einstellung der Generation Z zu Beruf und Karriere verschärft diese Situation weiter. Eine überwiegend ungewohnte und teils auch unangenehme Situation für Arbeitgeber, die sich in absehbarer Zeit nicht ändern wird.

HR-Werte im Wandel

Wandel tut not. Transformation und Disruption stellen Personalwesen und Recruiting vor neue Herausforderungen. Die traditionellen Rekrutierungsmethoden aus den 1990er-Jahren sind komplett veraltet und entsprechen nicht dem gängigen Mindset, um Fach- und Führungskräfte erfolgreich anzusprechen. Zugleich reicht es aber ebenso wenig, in den Sozialen Medien präsent und aktiv zu sein, um dem Personalnotstand zu begegnen. Die zukünftigen Fach- und Führungskräfte haben nicht nur hohe, sondern zudem andere Ansprüche als die Generationen davor und erwarten von Arbeitgebern, dass diese sich bewegen – und zwar auf sie zu. Unternehmen, die talentierte und hochqualifizierte Hochschulabsolvent:innen benötigen, sehen sich daher mit der Tatsache konfrontiert, dass es nicht nur (zu) wenige Absolvent:innen gibt, die den Bedarf an qualifiziertem Personal decken können, sondern dass ebendiese bei der Wahl ihres Arbeitgebers immer kritischer sind – und auch bleiben.

HR-Welt im Wandel

Die Entwicklungen auf dem Arbeitsmarkt stellen Unternehmen somit nicht nur vor Herausforderungen, sondern mittelfristig vor (große) Probleme. Anhand der Leitfrage »Welche Veränderungen sind als die elementarsten Einflussgrößen und Stellhebel bei der Ansprache und Rekrutierung von Nachwuchsfachkräften und -führungskräften zu betrachten?« bieten die folgenden Thesen daher ein Leitbild für die Zukunft des Recruiting von Studierenden und Absolvent:innen.

7.1 These 1: Die Talente der Generation Z bleiben »Nicht-Anpasser«

Warum?

Weil sie es sich erlauben können. Die Studierenden von heute müssen sich nicht anpassen, weil ihnen Fachkräftemangel und Arbeitgebermarkt in die Karten spielen, ihnen entgegenkommen. Sie sitzen (vorerst) am längeren Hebel, können Wünsche nicht nur äußern, sondern längst auch verlangen, dass diese (zumindest in großen Teilen) erfüllt werden. Arbeitgeber müssen sich dieser Realität stellen und rechtzeitig Kompetenzen aufbauen, um Studierende nicht nur zu verstehen, sondern dieses Verständnis auch in Taten umzusetzen. Insights zu den Studierenden der Generation Z bilden die Grundlage für jede Rekrutierungsstrategie.

7.2 These 2: Die Talente der Generation Alpha werden »Einsichtige«

Warum?

Weil ihnen nichts anderes übrig bleibt. Die Studierenden von morgen werden sich (mehr und mehr) anpassen müssen, weil der wirtschaftliche Niedergang sie dazu zwingt. Gestartet mit den Ansprüchen und Idealen der Generation Z, sehen sich die »Alphas« mit der Tatsache konfrontiert, dass der Wohlstand, mit dem sie aufgewachsen sind, in einer zunehmend digitalen, globalen und wettbewerbsorientierten Welt mit einer 4-Tage-Woche, Teilzeit, Sabbaticals und dem Konzentrieren auf die Work-Life-Balance nicht gehalten und erst recht nicht garantiert werden kann. Die Alphas werden sich entscheiden müssen zwischen Wohlstand und Wellbeing. Ein Großteil dieser Generation wird sich daher für »Mehr-Arbeit« entscheiden, um weiterhin »gut leben« zu können – dabei aber nie mehr das Level der Eltern oder Großeltern erreichen. Die übrigen Alphas hingegen machen beim Wohlstand ganz bewusst deutliche Abstriche und stellen dafür weiterhin »Mental Health« in den Vordergrund ihres Daseins, Lebens und Arbeitens.

7.3 These 3: HR-Recruiter:innen werden zu »Empathie-Professionals«

Warum?

Weil die Studierenden von heute ausschließlich mit Empathie gewonnen werden können. Und weil Studierende daher u.a. auf Augenhöhe und Partnerschaftlichkeit bestehen. Recruiter:innen – und hier vor allem die klassischen Headhunter – müssen sich verabschieden von nichtwertschätzenden und nichtpartnerschaftlichen Äußerungen und Prozessen wie »Wenn Sie in den nächsten 14 Tagen nichts von uns hören, können Sie das als Absage verstehen.«, »Wir checken alle Kandidat:innen zuerst in einem Assessment Center, um ihnen dann in Stressinterviews so richtig auf den Zahn zu fühlen.« oder »Die Kandidat:innen müssen sich mit ihren Bewerbungen beeilen, während wir uns mit unseren Entscheidungen dann ausreichend Zeit nehmen.«. Die Talente von heute merken sehr schnell, wer ihnen Respekt und Verständnis entgegenbringt – und wenden sich umso schneller von Arbeitgebern ab, die sie nicht ernst nehmen.

7.4 These 4: Hochschulen werden zu »Karriere-Plattformen«

Warum?

Weil die traditionelle Karrieremesse (vorerst) ausgedient hat. Derartige in vielerlei Hinsicht aufwendige Veranstaltungen müssen um ihre Existenzberechtigung bangen, da es aufgrund des demografischen Wandels zum einen nicht mehr die Menge an Studierenden gibt, die eine Karrieremesse besuchen (könnten) und Studierende zum anderen solche Veranstaltungen nicht mehr besuchen müssen, um einen Job zu finden. Arbeitgeber bemühen sich längst auf anderen

Wegen und viel früher als zum Studienabschluss proaktiv um Talente. Die Herausforderung für arbeitgebende Unternehmen liegt dabei im Akquirieren und Motivieren der für sie relevanten Hochschulen. Denn die wenigsten Hochschulen verfügen über den entsprechenden Unternehmergeist und verkennen so das Geschäftsmodellpotenzial von Campus-Recruiting und der Kooperation mit Partnern aus der Praxis.

7.5   These 5: Arbeitgeber werden zu »Generationen-Vernetzern«

Warum?

Weil Unternehmen zwar um Absolvent:innen der Generation Z werben, es im Arbeitsalltag dann jedoch häufig zum »Generationen-Clash« kommt. Bei allen Bemühungen und Erfolgen darf nicht vergessen werden, dass spätestens am ersten Arbeitstag der Nachwuchskräfte teils Welten aufeinanderprallen. Zoomer trifft auf Boomer – und beide sind voneinander nicht immer begeistert. Dem erfolgreichen Recruiting von Studierenden muss daher ein Change-Management-Prozess seitens der Personalabteilung folgen, um alle Generationen inklusive deren Verständnis von Arbeit zu vereinen und um das Potenzial aller Generationen auszuschöpfen. Denn wer allein auf die Zoomer setzt, verprellt die Boomer. Wer als Arbeitgeber die Zoomer nicht ernst nimmt, verliert leider genau die Talente, die für die Zukunft des Unternehmens unersetzlich sind.

8 Checkliste zu Campus-Recruiting und Hochschulmarketing

Der Aufbau und die Umsetzung einer stringenten Campus-Recruiting-Strategie werden durch die konsequente Anwendung der im Folgenden dargestellten Checklisten gesteigert. Die frühzeitige strategische Ansprache von Studierenden und der Aufbau langfristiger Beziehungen ermöglichen es Unternehmen, überdurchschnittlich qualifizierte Talente vor dem Wettbewerb von sich einzunehmen, für sich zu gewinnen und langfristig an sich zu binden.

Indem Personalentscheider:innen und Personalverantwortliche die folgende Checkliste umsetzen, können sie ihre Rekrutierungsstrategien optimieren. Denn ein tieferes Verständnis der Studierendenzielgruppe, die gezielte Identifizierung potenzieller Kandidat:innen und Bewerber:innen, das Knüpfen von Kontakten zu Hochschul(akteur:inn)en und die sorgfältige Planung der Kommunikation tragen dazu bei, die Effektivität von Hochschulmarketing und Campus-Recruiting für das eigene Unternehmen zu steigern. So können Unternehmen qualifizierte Talente nicht nur ansprechen, sondern bestenfalls sogar langfristig für sich gewinnen. Im Folgenden sind daher die wichtigsten Empfehlungen für Arbeitgeber und Unternehmen, für Personalverantwortliche und Personalentscheider:innen zusammengefasst, die sich die attraktive Positionierung der Arbeitgebermarke bei Studierenden und die erfolgreiche Ansprache von Studierenden zur Aufgabe gemacht haben:

8.1 Am Anfang der Campus-Recruiting-Strategie

Eine langfristige Perspektive zur Gewinnung von Nachwuchskräften mittels Hochschulkooperationen und -marketing stellt sicher, dass Unternehmen den Bedarf an jungen Talenten erkennen und die Bedeutung des Hochschulmarketings als strategisches Instrument zur Talentgewinnung verstehen. Die folgenden Themen sind zu Beginn des Entwickelns und Verfolgens einer Campus-Strategie zu beachten:

8.1.1 Positionierung – sich als attraktiver Arbeitgeber positionieren

Candidate Experience – von Anfang an ein gutes Gefühl vermitteln
Als Startpunkt des Entwickelns einer Campus-Recruiting-Strategie sollten Sie als Unternehmen sicherstellen, dass alle Erfahrungen, die studentische Kandidat:innen und Bewerber:innen mit ihnen als Arbeitgeber erleben (Talent-Experience bzw. Candidate Experience) positiv sind. Die Candidate Experience umfasst den gesamten Bewerbungsprozess und beeinflusst maßgeblich die Entscheidung der Kandidat:innen für oder gegen Unternehmen. Gestalten Sie Ihre Stellenanzeigen ansprechend, bieten Sie eine übersichtliche und benutzerfreundliche Karriereseite,

ermöglichen Sie eine einfache Bewerbung ohne Hürden und geben Sie schnelles Feedback. Sorgen Sie dafür, dass Bewerber:innen sich wertgeschätzt und partnerschaftlich auf Augenhöhe behandelt fühlen (Advising Solutions 2020).

Employee Branding – zum Überzeugen Mitarbeiter:innen als Botschafter:innen einsetzen
Eine positive Candidate Experience führt wiederum dazu, dass Bewerber:innen zu Botschafter:innen Ihres Unternehmens werden können. Sie empfehlen Ihr Unternehmen gegebenenfalls weiter und teilen ihre Erfahrungen auf Plattformen wie LinkedIn, Instagram oder auch Kununu. Das Employee Branding spielt mit der Talent-Experience als Grundlage von Hochschulmarketing und Campus-Recruiting eine wichtige Rolle. Nutzen Sie Mitarbeiterblogs, aussagekräftige LinkedIn-Profile, Testimonials und Storytelling in Social-Media-Kampagnen, Advertorials oder redaktionellen Beiträgen. Mitarbeiter:innen sind aus Sicht von Außenstehenden die glaubwürdigsten Botschafter:innen Ihres Unternehmens, daher ist es wichtig, dass sie sich wohl- und wertgeschätzt fühlen – und daher positiv über Ihr Unternehmen sprechen (Advising Solutions 2020).

8.1.2 Talentanalyse – als Arbeitgeber Talente als zukünftige Arbeitnehmerschaft analysieren

Big Data & Artificial Intelligence – zur Optimierung die eigene Effizienz durch digitale Tools steigern
Nutzen Sie als Arbeitgeber digitale Tools, um das Hochschulmarketing und Recruiting effizienter zu gestalten. Sourcing-Tools können Kandidaten nach vordefinierten Kriterien filtern und den Auswahlprozess unterstützen. Implementieren Sie Chatbots auf Karriereseiten, um Standardfragen zu beantworten und als digitale Karriereberater zu fungieren. Beachten Sie jedoch, dass der zwischenmenschliche Kontakt weiterhin wichtig ist und persönliche Bewertungen von Lebensläufen und Talenten nicht vollständig durch Algorithmen ersetzt werden können. Zudem relevant sind das Thema Desk Research und das Sammeln von Daten über potenzielle »Wunschkandidat:innen«, um Informationen zu deren Vorstellungen, Werten und Präferenzen zu ermitteln (Advising Solutions 2020).

Verständnis & Verstehen – Generation Z hat neuartige Bedürfnisse
Analysieren Sie auf Basis von Big Data und Studien Ihre studentische Zielgruppe und schärfen Sie das Bewusstsein dafür, welche Bedürfnisse potenzielle Kandidat:innen der Generation Z haben. Berücksichtigen Sie neben dem Gehalt auch Aspekte wie Zeit für soziales Engagement, Work-Life-Balance, interessante Herausforderungen im Berufsalltag, Purpose, Homeoffice sowie Karriere-, Weiterbildungs- und Entwicklungsmöglichkeiten (Index Agentur 2023b). Auf diese Weise zeigen Sie als Arbeitgeber, dass Sie die Bedürfnisse vielversprechender Kandidat:innen und Bewerber:innen ernst nehmen (Advising Solutions 2020).

Mindset & Management – die Einstellung von Personalverantwortlichen weiterentwickeln
Campus-Recruiting-Strategien scheitern häufig bereits im Ansatz, da die entsprechenden
Personalverantwortlichen und -entscheider:innen nicht über genügend Verständnis für Studierende verfügen. Um intern dieses Know-how aufzubauen und die für eine Campus-Recrui-
ting-Strategie notwendigen Prozesse zu initialisieren, ist das Begleiten einer Campus-Strategie
durch einen Change-Management-Prozess seitens der HR-Abteilung von Vorteil. Hierbei kommen ausgewählte Maßnahmen zum Tragen, die Teams, Abteilungen oder das gesamte
Unternehmen auf die Hochschulmarketingstrategie ausrichten und vorbereiten. So werden
Unternehmen als Arbeitgeber mit ihren internen Teams von dem Ausgangszustand mit offenen
Vakanzen zu dem definierten Zielzustand der Ansprache und des Gewinnens von Talenten entwickelt.

8.1.3   Hochschulanalyse – als Arbeitgeber Hochschulen als relevante Kooperationspartner analysieren

**Kooperationen & Partnerschaften – Erfolgsgarantie durch die kritische Auswahl von Hoch-
schulen und Universitäten**
Die Studiengänge und Hochschulen gezielt zu filtern, um diejenigen zu identifizieren, die die
besten Absolvent:innen für vakante Positionen hervorbringen, stellt die Grundlage einer erfolgreichen Campus-Recruiting-Strategie dar. Dies ermöglicht es Unternehmen, ihre Ressourcen und Bemühungen auf diejenigen Studiengänge zu konzentrieren, die am besten zur
gewünschten Fachkompetenz passen. Geeignete Studiengänge und passende Hochschulen
garantieren Studierende mit dem für das Unternehmen relevanten Fachwissen und Know-how.
Bei den passenden Hochschulen müssen im nächsten Schritt kompetente Ansprech- und motivierte Kooperationspartner:innen identifiziert werden. Die sorgfältige Auswahl und Prüfung
der geeigneten Studiengänge sowie der Reputation der betreffenden Institutionen gewährleistet, dass sie als Arbeitgeber die qualifiziertesten Absolvent:innen finden, die optimal zu den
offenen Stellen passen.

**Networking & Beziehungspflege – strategischer Aufbau nützlicher und vielversprechender
Beziehungen**
Nach der Identifikation geeigneter Hochschulpartner geht es um den Aufbau und die Pflege der
Beziehung zu diesen. Denn im Rahmen einer erfolgreichen Campus-Recruiting-Strategie ist es
essenziell, langfristig einflussreiche Beziehungen zu geeigneten Hochschulen und vielversprechenden Absolvent:innen aufzubauen. Dies kann durch Praktika, Werkstudentenstellen oder
andere Möglichkeiten der Zusammenarbeit erfolgen. Indem Unternehmen den Absolvent:in-
nen regelmäßige Entwicklungsmöglichkeiten im Unternehmen darbieten, können sie eine Bindung zu ihnen schaffen und so als attraktiver Arbeitgeber wahrgenommen werden.

Timing & Talente – früher Kontakt zu Partnern und Talenten als Vorteil im Kampf um Talente
Bei der Wahl der richtigen Hochschulpartner und der Ansprache von Talenten spielt der passende Zeitpunkt eine große Rolle. Um sich potenzielle Talente frühzeitig zu sichern, ist es wichtig, bereits während des Studiums den Kontakt zu ihnen herzustellen. Unternehmen sollten idealerweise in den frühen Semestern, auf jeden Fall jedoch vor dem Studienabschluss mit den Studierenden in Kontakt treten, um eine Beziehung zu ihnen aufzubauen und das Interesse an einer zukünftigen Zusammenarbeit zu wecken.

8.1.4 Kommunikationsplan – als Arbeitgeber die Kommunikation mit Talenten strategisch planen

Kommunikation & Kanäle – Botschaften entwickeln und Ziele definieren
Zur erfolgreichen Ansprache von Studierenden ist die spezifische Auswahl der geeigneten Kommunikationsinstrumente und -kanäle nötig. Idealerweise erstellen Sie hierfür einen Jahresplan, der festlegt, wann und wie die Botschaften des Unternehmens über welche Kommunikationskanäle transportiert werden sollen. Definieren Sie dabei klare Ziele für alle Maßnahmen Ihres Hochschulmarketings: Möchten Sie neue Talente gewinnen bzw. frühzeitig binden, einen Talent-Pool aufbauen, Ihr Employer Branding gegenüber Studierenden ausbauen, neues Wissen zur Generation Z aufbauen oder den Bekanntheitsgrad als Arbeitgeber steigern (Ehses 2022)?

Abstimmung & Absprache – die Verantwortung von Kolleg:innen und Teams
Die Festlegung von Verantwortlichkeiten und internen Verantwortlichen sowie die Einbindung von externen Dienstleistern ermöglichen es dem HR-Team, effizient und gezielt die Maßnahmen im Sinne einer Hochschulmarketing- und Campus-Recruiting-Strategie umzusetzen. Das Ansprechen qualifizierter Kandidat:innen und das Gewinnen der besten Talente für das Unternehmen basiert auf der Festlegung einer stringenten Vorgehensweise und eines exakten Zeitplans für die Umsetzung von Hochschulmarketingmaßnahmen. Wichtig ist daher zu klären, wer innerhalb des HR-Teams für welche Campus-Recruiting-Aufgaben und -Maßnahmen verantwortlich ist, sowie das Identifizieren geeigneter Dienstleister, die das HR-Team bei Hochschulmarketing und Campus-Recruiting unterstützen können (Ehses 2022).

Dienstleister & Dritte – Perfektion und Effizienz mittels der Nutzung externer Expertise
Als weiterer Schritt gilt hier das Überprüfen, welche externen Dienstleister über Fachkenntnisse und Erfahrungen im Bereich Hochschulmarketing und Campus-Recruiting verfügen. Denn um die Effektivität von Hochschulmarketing und Campus-Recruiting zu steigern, sollten Unternehmen in Betracht ziehen, die Kompetenzen externer Dienstleister hinzuzuziehen und für sich zu nutzen. Externe Expert:innen verfügen über das nötige Know-how, die Kontakte und die Ressourcen, um für Unternehmen maßgeschneiderte Rekrutierungsstrategien zu entwickeln und umzusetzen, mit denen sie sich gegenüber Studierenden als attraktive Arbeitgeber positionieren.

8.2   Im Verlauf der Campus-Recruiting-Strategie

Die während des Umsetzens einer Campus-Recruiting-Strategie wichtigsten Themen und Schritte sind im Folgenden dargestellt:

8.2.1   Umsetzung – als Arbeitgeber die Kommunikation mit Talenten operativ umsetzen

Active Sourcing – proaktiv vielversprechende Kandidat:innen ansprechen
Seien Sie als Arbeitgeber unbedingt nicht nur aktiv, sondern proaktiv bei der Ansprache vielversprechender Kandidat:innen, nutzen Sie Soziale Netzwerke (insbesondere LinkedIn) und kontaktieren Sie gezielt qualifizierte Studierende und Absolvent:innen, gegebenenfalls aber auch wechselbereite High Potentials. Achten Sie dabei unbedingt auf personalisierte Nachrichten und individualisierte Inhalte von Akquise-E-Mails (Advising Solutions 2020).

Mediamix – Student:innen on- und offline ansprechen
Nutzen Sie eine passende Mischung von Medien, um Studierende und Absolvent:innen gegebenenfalls sowohl online als auch offline anzusprechen und von sich zu überzeugen. Es sollten ausschließlich Medien sein, die dem Kommunikationsverhalten der Studierendenzielgruppe entsprechen, zudem auch innovative Medien und Kommunikationskanäle, wie das Integrieren von Unternehmenslogos oder -motiven in Vorlesungs- bzw. Lernunterlagen.

On- & Off-Campus – Kombination von Campus-Recruiting-Instrumenten
Eine erfolgreiche Hochschulmarketingstrategie sollte aus einer Kombination von On-Campus- und Off-Campus-Recruiting-Methoden bestehen. On-Campus-Recruiting-Maßnahmen ermöglichen den direkten Zugang zu Studierenden am Hochschulcampus, mittels Off-Campus-Recruiting-Maßnahmen werden weitere Kommunikationskanäle genutzt, um Studierende auch außerhalb des Campus zu erreichen und so einen breiteren Talent-Pool anzusprechen. Dadurch maximieren Arbeitgeber und Unternehmen ihre Reichweite, um qualifizierte Kandidat:innen anzusprechen (Ehses 2022).

Social & Mobile Recruiting – Aufmerksamkeit und Reputation durch Klicks
Verwenden Sie zur Ansprache von Studierenden mobile Apps sowie Soziale Medien und Netzwerke gezielt im Rahmen einer Hochschulmarketingstrategie. Schalten Sie zielgerichtete Anzeigen in Sozialen Medien und Netzwerken wie LinkedIn, Instagram und WhatsApp, um potenzielle Bewerber:innen anzusprechen. Gestalten und halten Sie den Account Ihres Unternehmens aktuell und unterhaltsam sowie für Studierende attraktiv, nutzen Sie Ihre Accounts, um interessierten Studierenden einen Blick hinter die Kulissen Ihres Unternehmens zu erlauben (Advising Solutions 2020; Index Agentur 2023a).

8.2.2 Inhalte – als Arbeitgeber Talente mit Inhalten und Werten überzeugen

Vielfalt & Authentizität – offene Unternehmenskultur kommunizieren und leben
Kommunizieren und leben Sie eine moderne, weltoffene und tolerante Unternehmenskultur, die Diversität fördert und lebt. Eine vielfältige Unternehmenskultur und entsprechende Belegschaft wird für Student:innen und Absolvent:innen immer wichtiger. Zeigen Sie Kandidat:innen und Bewerber:innen über alle Kommunikationskanäle hinweg, d.h. von Website und Sozialen Medien über Stellenausschreibungen bis zum Vorstellungsgespräch, ein glaubwürdiges und stringentes Mindset sowie ein Arbeitsumfeld, das diese Kultur widerspiegelt (bspw. über Homeoffice-Möglichkeiten, Co-Working-Räume oder flexible Arbeitszeitmodelle) (Index Agentur 2023b).

Öffentlichkeit & Public Relations – HR und PR für Employer Branding und Hochschulmarketing
Um die Vorzüge und Vorteile Ihres Unternehmens als Arbeitgeber nach außen zu kommunizieren, sollten die unternehmensinternen Teams von Public Relations, Unternehmenskommunikation, Human Resources und Employer Branding frühzeitig in die Entwicklung einer Hochschulmarketingstrategie miteinbezogen werden: Definieren Sie gemeinsam Campus-Recruiting-Ziele, Verantwortlichkeiten und Themen. Wenn die HR- und die PR-Abteilung abgestimmt zusammenarbeiten, ist gewährleistet, dass Projekte und Themen zielgruppenrelevant aufbereitet und über die passenden Social-Media-Plattformen ausgespielt werden.

8.2.3 Miteinander – als Arbeitgeber mit Talenten etwas aufbauen

Austausch & Beziehung – frühzeitiger Aufbau des Miteinanders mit Studierenden
Beginnen Sie frühzeitig, Beziehungen zu Studierenden aufzubauen, um die Chance zu erhöhen, sie im Laufe des Austauschs und der Interaktion mit ihnen als Mitarbeiter:innen zu gewinnen. Nutzen Sie verschiedene Formen des Berufseinstiegs als Angebot, bspw. Praktika, Werkstudentenstellen, Betreuung der Thesis und Trainee-Stellen. Sorgen Sie dabei für eine ständige Präsenz Ihres Unternehmens an den für Sie wichtigen Hochschulen, um den Kontakt mit Studierenden und zukünftigen Absolvent:innen kontinuierlich aufzubauen.

Ehemalige & Fürsprecher:innen – Alumni im Campus-Recruiting einbinden
Binden Sie ehemalige Studierende von für Sie wichtigen Hochschulen in Ihre Campus-Strategie und in die Kommunikation mit Studierenden ein. »Ehemalige«, die bei Ihnen arbeiten und von Ihnen als Arbeitgeber überzeugt oder im Idealfall sogar begeistert sind, vertreten Ihre Arbeitgebermarke gegenüber Studierenden besonders glaubwürdig, indem sie von ihren Erfahrungen im Unternehmen berichten, authentische Einblicke gewähren und so Transparenz schaffen.

8.3   Am Ende der Campus-Recruiting-Strategie

Zum Abschluss Ihrer Campus-Strategie sollten jeweils am Jahresende die folgenden Themen zur Planung und Optimierung der nächsten Maßnahmen verfolgt werden:

Trial & Error – Experimentieren bei der Zusammenarbeit mit Hochschulen

Versuchen Sie sich an unterschiedlichen und vor allem auch immer wieder an neuartigen Hochschulmarketinginstrumenten. Seien Sie beim Campus-Recruiting experimentierfreudig, arbeiten Sie bspw. mit verschiedenen Hochschulen zusammen, um herauszufinden, welche Maßnahmen am besten für Sie als Arbeitgeber bei der für Sie passenden studentischen Zielgruppe funktionieren.

Metrics & Measurement – Erfolge der Campus-Recruiting-Instrumente messen

Messen Sie den Erfolg Ihrer Hochschulmarketing- und Campus-Recruiting-Maßnahmen, indem Sie verschiedene Metriken wie Qualität der Bewerber:innen oder die Reichweite der Hochschulmarketingaktivitäten analysieren. Befragen Sie Bewerber:innen und Hochschulpartner, wie sie von Ihrem Unternehmen erfahren bzw. dieses als potenziellen Arbeitgeber oder Kooperationspartner erlebt haben, um diese Erkenntnisse für die Optimierung aktueller Maßnahmen und die Planung zukünftiger Maßnahmen zu gewinnen.

9 Fazit – Chancen und Grenzen von Campus-Recruiting und Hochschulmarketing

Der Begriff der Zeitenwende – nichts eignet sich als Begrifflichkeit besser für alles, was sich aktuell und zukünftig auf dem Arbeitsmarkt und hier insbesondere beim Recruiting von Talenten verändert und entwickelt. Dabei verlaufen diese Veränderungen weder in homöopathischen Dosen noch in einer »smoothen« Geschwindigkeit. Nein, sie passieren in einem nahezu rasenden Tempo, wirken disruptiv – und so gar nicht homöopathisch.

Denn Unternehmen stehen mit dem Rücken zur Wand. Sie sind angewiesen auf Student:innen, die als Absolvent:innen und Talente das Herzstück der nächsten Generation von Arbeitskräften darstellen. Die bereit sind, ihre Fähigkeiten, ihr Wissen und auch ihre Passion in die Arbeitswelt einzubringen und für den eigenen Arbeitgeber einzusetzen. Der aktuelle (und in den nächsten Jahren zunehmende) Bedarf an Talenten sowie der Fachkräftemangel und der in absehbarer Zeit sich parallel dazu entwickelnde Mangel an Führungskräften stellt Arbeitgeber dementsprechend vor Probleme.

Das Problem lässt sich mit der Überschrift »Offene Stellen, unbesetzte Vakanzen« betiteln und eint Unternehmen unterschiedlichster Größen sowie aller Branchen. Denn ihnen gemein sind die drei »Üs« des Talent-Recruiting und Personalmarketings: Überraschung. Überrumpelung. Und Überforderung:

Überraschung
Viele Personalverantwortliche sind überrascht. Obwohl sich die meisten Veränderungen im Arbeitsmarkt bereits seit Langem anbahnten. Obwohl die Möglichkeit bestand, die Entwicklungen der Erwartungen von Talenten durch Medien, diverse Studien oder ganz einfach durch Gespräche mit (potenziellen) Mitarbeiter:innen der Generation Z zu antizipieren – und sich darauf vorzubereiten.

Überrumpelung
Die meisten Arbeitgeber fühlen sich überrumpelt. Obwohl man sich für New Work und Work-Life-Balance, Generation Z und Arbeitnehmermarkt, Fach- und Führungskräftemangel gewappnet fühlte, wurde man »kalt erwischt«. Obwohl man neue Wege im Talent-Scouting und -Recruiting zu gehen versuchte, musste man erkennen, dass diese eben doch nicht so neu oder einfach nicht passend waren – um die Herausforderungen der sich zuspitzenden bis teils sogar eskalierenden Situation auf dem Arbeitsmarkt zu meistern.

Überforderung
Und ein Großteil der Unternehmen ist überfordert. Obwohl sie über Kompetenzen und Know-how sowie über nicht nur leistungsfähige, sondern sogar leistungswillige Mitarbeiter:innen

verfügen, fehlt vielen Unternehmen eine ganzheitliche Talent-Recruiting-Strategie – sie wissen einfach nicht, wie man vielversprechende Talente auf sich aufmerksam macht.

Aufholbedarf im Recruiting

So gibt dieser Dreiklang aus Überraschung, Überrumpelung und Überforderung derzeit in vielen Unternehmen den Takt an, wenn es um das Rekrutieren von Talenten geht. Denn mittlerweile gelangen immer mehr Arbeitgeber zu der Erkenntnis, dass sie einen enormen Aufholbedarf haben. Dabei geht es um das Aufholen bei den Kenntnissen über Interessen von Studierenden hinsichtlich attraktiver Arbeitgeber. Und um das Aufholen beim Aufbau von Verständnis hinsichtlich der Ansprüche von Absolvent:innen gegenüber potenziellen Arbeitgebern.

Zeitenwende für das Recruiting

Es ist also Zeit für Lösungen. Um sich für Absolvent:innen als attraktiver Arbeitgeber zu positionieren. Und um mit Student:innen bereits vor dem Abschluss ihres Studiums in einen Austausch zu kommen. Denn die Aufmerksamkeit von Studierenden zu erlangen, ist als Arbeitgeber(marke) schon schwer genug. Diese Aufmerksamkeit aufrechtzuerhalten und langfristig in Interesse umzuwandeln, stellt jedoch eine ganz andere, viel größere Herausforderung dar.

Es ist daher Zeit für ein Umdenken, um im hart und heiß umkämpften Markt der Talente als attraktiver Arbeitgeber hervorzustechen und so als Gewinner aus dem »War for Talents« hervorzugehen. Chancen bietet ein offensiv-proaktives Herantreten an Studierende am Hochschulcampus. Das ist das Gegenteil zu allen bisherigen Maßnahmen, die auf ein passives Warten auf die Bewerbung von Studierenden seitens der Arbeitgeber setzten – und ein Garant für das Schaffen von Interesse und Involvement für Arbeitgeber und Unternehmen.

Ortswechsel für das Recruiting

Denn Campus-Recruiting schafft Involvement. Warum?! Weil der Campus im Speziellen und Hochschulen im Allgemeinen nicht nur Orte der Wissensvermittlung sind, sondern vielmehr dazu dienen, Studierende zu fördern und zu fordern, zu formen und zu prägen. Das Studium ist eine Zeit und der Hochschulcampus ein Ort, wo erste Ideen zu beruflichen Zielen nicht nur entstehen, sondern konkret(er) werden, wo die zukünftigen beruflichen Möglichkeiten (nahezu) grenzenlos erscheinen und sich erste Urteile (und Vorurteile) gegenüber Branchen und Arbeitgebern entwickeln. Studierende entdecken hier ihre Stärken, erweitern ihr Wissen und knüpfen wertvolle Kontakte. Für Arbeitgeber der ideale Ort und Kontaktpunkt, um das Potenzial von Studierenden zu erkennen, Talente zu identifizieren und für sich zu gewinnen.

Hindernisse im Recruiting

Als schwierigstes Hindernis und größte Hürde erweist sich dabei ein falsches Selbstverständnis von Arbeitgebern, die im Status quo verharren und nicht erkennen, dass sich der Arbeitsmarkt zugunsten der Arbeitnehmer:innen und vor allem zugunsten von (hochqualifizierten) Absolvent:innen geändert hat. Und die deshalb weiterhin eine von Passivität geprägte Talent-Recruiting-Strategie verfolgen, ganz gemäß dem Mindset »Bewerben ist Bringschuld der Talente«.

Nur sieht die Realität mittlerweile so aus, dass Arbeitgeber längst nicht nur um Talente werben, sondern vielmehr sich bei Talenten bewerben.

Steilvorlagen im Recruiting

Als beste Startrampe für ein erfolgreiches Campus-Recruiting und Hochschulmarketing zeigt sich ein Team von »Personaler:innen«, die sich der vollen Tragweite dieses Rekrutierungsansatzes sowie der damit verbundenen unternehmensinternen Prozess-, Struktur- und Kulturveränderungen bewusst sind. Denn Campus-Recruiting geht über das bloße Anwerben von Studierenden am Hochschulcampus hinaus, es ist weit mehr als lediglich das »Für-sich-Werben« von Unternehmen mittels Broschüren, Plakaten und Co. Es ist nicht nur eine Chance für Arbeitgeber, sich als attraktive Arbeitgebermarke zu positionieren. Es ist eine Plattform, um Studierenden und zukünftigen Absolvent:innen individuelle Karrieremöglichkeiten zu präsentieren und ihnen den Mehrwert einer (langfristigen) Zusammenarbeit aufzuzeigen – angefangen beim Praktikum über eine Tätigkeit als Werkstudent:in bis zum »Finale« einer erfolgreichen Hochschulmarketingstrategie, der ersten Festanstellung nach dem Studium.

Call to Action im Recruiting

Campus-Recruiting und Hochschulmarketing bieten Unternehmer:innen und Personalverantwortlichen und -entscheider:innen eine unschätzbare Möglichkeit, die besten Talente für sich einzunehmen und eine langfristige Beziehung zu ihnen aufzubauen. Denn angesichts des demografischen Wandels und des Generationenwechsels bleibt für ein erfolgreiches Recruiting letztlich bis auf Weiteres keine andere Option, als frühzeitig (und vor allem früher als der Wettbewerb) junge Talente anzusprechen und so als zukünftige Mitarbeiter:innen für sich zu gewinnen.

Die Zukunft von Unternehmen hängt daher mehr und mehr entscheidend von ihrer Fähigkeit ab, Talente zu gewinnen. Campus-Recruiting und Hochschulmarketing sind dabei nicht allein zeitgemäße, sondern vor allem leistungsstarke Instrumente, um die Führungskräfte von morgen für Unternehmen zu gewinnen und langfristig an sich zu binden – und so den Wettbewerb um die besten Köpfe für sich zu entscheiden. Mit proaktivem Engagement, klaren Talent-Recruiting-Zielen und der kontinuierlichen Optimierung bereits umgesetzter Maßnahmen am Campus können Personalentscheider:innen und HR-Verantwortliche das volle Potenzial des Campus-Recruiting ausschöpfen und so vielversprechende, weil hochqualifizierte Nachwuchskräfte für sich gewinnen.

Student:innen und Absolvent:innen sind als Talente der Antrieb und Motor der Zukunft. Ihre Inspiration, Ideen und Neugierde, die sie mit sich in Unternehmen einbringen, sind der Treibstoff für Innovation und Wachstum jedes Unternehmens – verhindern Selbstzufriedenheit und Stillstand. Ihre Fähigkeit, »um die Ecke« zu denken, sowie die Bereitschaft, die »Extrameile« zu gehen, verhindern Bequemlichkeit und ermöglichen Fortschritt. Erkannt werden sollte dabei seitens der Unternehmen, dass vielversprechende Studierende mittlerweile bereits vor dem Abschluss ihres Studiums unter mehreren Arbeitgebern auswählen können. Die Zeiten, in denen Studierende bei Arbeitgebern Schlange standen, sind (vorerst oder endgültig?) vorbei. Die Bedeutung des Campus-Recruiting als Game Changer in diesem Spiel, in dem sich Rollen und Regeln der Akteur:innen teils drastisch verändert, teils sogar um 180 Grad gedreht haben, sollten wir alle uns daher klar vor Augen führen und dementsprechend handeln. Heraus aus der Komfortzone des »satten« Arbeitgebers, der auf Bewerbungen von Absolvent:innen wartet und sich die für ihn passenden Talente aussuchen kann. Dafür hinein in die Rolle des »hungrigen« Arbeitgebers, der um den Wert dieser Talente weiß, sie schätzt und aktiv den Austausch mit ihnen sucht – dort, wo sich die Weichen für deren berufliche Zukunft stellen: am Hochschulcampus.

Literaturverzeichnis

Advising Solutions (2020): 8 Employer Branding-Trends für erfolgreiches Hochschulmarketing, in https://advising-solutions.com/8-employer-branding-trends-fur-erfolgreiches-
hochschulmarketing, abgerufen am 20.02.2023

Baik, S. (2022): How to Succeed with Campus Recruiting in 2022: The Ultimate Guide, in https://
recruitingdaily.com/how-to-succeed-with-campus-recruiting-in-2022-the-ultimate-guide/, abgerufen am 11.03.2023

Bieber, D. (2023): Fachkräftemangel: Akademischer Nachwuchs wird knapp, in https://www.nd-
aktuell.de/artikel/1173064.hochschulbildung-fachkraeftemangel-akademischer-nachwuchs-wird-
knapp.html, abgerufen am 21.06.2023

Biswas, S. (2021): What is Candidate Experience? Definition, Key Components, and Strategies,
in https://www.spiceworks.com/hr/recruitment-onboarding/articles/what-is-candidate-
experience-definition-components-technology/, abgerufen am 05.05.2023

Dörre, M., Deki, A. & Rhodemann, L. (2019): Young, wild and woke? Wie sich die Generation Z unterscheidet, https://fleishmanhillard.de/2019/09/generation-z-eine-generation-mit-haltung/, abgerufen am 18.11.2022, in: Terstiege, M. (2023): Die DNA der Generation Z, Haufe Group

Ehses, J. (2022): Campus Recruiting einführen – 5 wichtige Tipps für Unternehmen, in https://
morethandigital.info/campus-recruiting-einfuehren-5-wichtige-tipps-fuer-unternehmen/, abgerufen am 07.06.2023

FiveTeams (2023): HR Knowledge Base: Candidate Persona, in https://www.fiveteams.com/glossar/
candidate-persona-beispiel-vorlage-definition, abgerufen am 30.05.2023

Flesch, C. (2023): So machen Sie Ihr Recruiting zukunftssicher, in https://www.
humanresourcesmanager.de/so-machen-sie-ihr-recruiting-zukunftssicher/, abgerufen am
28.07.2023

Folz, C. (2017): Candidate Personas: Besseres Female Recruiting dank Sarah, in https://www.
e-fellows.net/unternehmen-hochschulen/wissen-fuer-personaler/mit-candidate-personas-zum-
recruiting-erfolg, abgerufen am 25.05.2023

Geißler, C. (2020): Was ist eine Arbeitgebermarke?, in https://www.manager-magazin.de/harvard/was-
ist-eine-arbeitgebermarke-a-811b6d73-11e1-4b35-ab10-914371aa22b8, abgerufen am 26.04.2023

GITNUX Redaktion (2022): Berufe mit Zukunft: Aktuelle Trends & Perspektiven, in https://blog.gitnux.
com/de/berufe-mit-zukunft/, abgerufen am 10.05.2023

Hackel, S. (2023): EMPLOYEE BRANDING, in https://hr-marketing.index.de/ratgeber/employee-
branding/, abgerufen am 26.07.2023

Half, R. (2022): Back to School: 4 Campus Recruiting Trends for 2022, in https://www.roberthalf.com/
blog/evaluating-job-candidates/back-to-school-4-campus-recruiting-trends-for-2022, abgerufen
am 20.03.2023

Harver (2020): 8 Essential Tips To Ensure A Smooth Candidate Journey, in https://harver.com/blog/
candidate-journey/, abgerufen am 25.05.2023

HAUFE (2023a): Candidate Experience, in https://www.haufe.de/thema/candidate-experience/, abgerufen am 17.07.2023

HAUFE (2023b): Employer Branding, in https://www.haufe.de/thema/employer-branding/, abgerufen am 16.07.2023

Holtbrügge, D. (2022): Instrumente des Personalmanagement, in https://www.springerprofessional.de/instrumente-des-personalmanagement/23260848?searchResult=19.campus%20recruiting&searchBackButton=true

HR Monkeys (2023a): Candidate Journey der Generation Z, in https://hr-monkeys.de/candidate-journey-mein-brief-an-euch-recruiter-gen-z/, abgerufen am 17.04.2023

HR Monkeys (2023b): Recruiting vorausdenken: Die Generation Alpha in der Arbeitswelt, in https://hr-monkeys.de/generation-alpha-recruiting/, abgerufen am 17.07.2023

HR Rocket (2023): Hochschulmarketing, in https://www.hr-rocket.com/hochschulmarketing/, abgerufen am 19.06.2023

Index Agentur (2023a): Hochschulmarketing, in https://hr-marketing.index.de/leistungen/hochschulmarketing/#trends-ma%C3%9Fnahmen-und-best-practice-im-hochschulmarketing, abgerufen am 12.06.2023

Index Agentur (2023b): Employer Branding, in https://hr-marketing.index.de/schwerpunkte/employer-branding-agentur/#das-sind-die-top-trends-im-employer-branding, abgerufen am 18.06.2023

Jechorek, J. (2022): Active Sourcing: So geht die aktive Mitarbeitersuche, in https://blog.hubspot.de/marketing/active-sourcing, abgerufen am 08.05.2023

Junges Herz (2021a): Employer Value Proposition, in https://www.agentur-jungesherz.de/hr-glossar/employer-value-proposition/, abgerufen am 16.05.2023

Junges Herz (2021b): Die Employer Value Proposition in Infografiken, in https://www.agentur-jungesherz.de/blog/die-employer-value-proposition-in-infografiken/, abgerufen am 20.05.2023

Junges Herz (2023): Employer Branding, in https://www.agentur-jungesherz.de/hr-glossar/employer-branding/, abgerufen am 24.05.2023

Karrierebibel (2023): Hochschulmarketing: Damit punkten Unternehmen, in https://karrierebibel.de/hochschulmarketing/ , abgerufen am 10.07.2023

Kay, C. (2023): Hochschulmarketing: Werben unter Studenten in 2023, in https://employer.it-talents.de/blog/hochschulmarketing/, abgerufen am 12.04.2023

Klauth, J. (2022): Kein gutes Zeugnis für die Grünen – Das sind die größten Sorgen der Generation Z, https://www.welt.de/wirtschaft/article239582923/Millennial-Survey-2022-Das-sind-die-groessten-Sorgen-der-Generation-Z.html, abgerufen am 20.11.2022, in: Terstiege, M. (2023): Die DNA der Generation Z, Haufe Group

Klein, P. (2023a): EVP vs. Employer Branding: Was ist der Unterschied? in https://hrtalk.de/evp-vs-employer-brand-was-ist-der-unterschied/, abgerufen am 12.07.2023

Klein, P. (2023b): Hochschulmarketing: Zugreifen, bevor es die Konkurrenz tut, in https://hrtalk.de/hochschulmarketing/, abgerufen am 20.06.2023

Klein, P. (2023c): Generation Z: Chancen und Bedeutung für Arbeitgeber 2023, in https://hrtalk.de/generation-z-definition/, abgerufen am 21.07.2023

Kohler (2022): Gen Alpha – die reichste, schlauste und traurigste Generation aller Zeiten?, in https://www.swr.de/swraktuell/radio/gen-alpha-die-reichste-schlauste-und-traurigste-generation-aller-zeiten-100.html, abgerufen am 10.03.2023

Lehrle, N. (2023): Recruitainment: Definition, Ziele, Vorteile, Maßnahmen und Beispiele, in https://hiral.de/ratgeber/personalsuche/recruitainment, abgerufen am 18.06.2023

Maas, R. (2019): Generation Z für Personaler und Führungskräfte, Carl Hanser Verlag, in: Terstiege, M. (2023): Die DNA der Generation Z, Haufe Group

Martinez, S. (2022): Everything You Need to Know About University Recruiting, in https://www.untapped.io/blog/university-recruiting &https://www.symplicity.com/blog/building-a-successful-campus-recruitment-strategy, abgerufen am 25.05.2023

Mathews, D. (2023): Ein umfassender Plan für Ihre nächste Campus-Rekrutierung im Jahr 2023, in https://www.ismartrecruit.com/blog-proven-campus-recruitment-strategies-for-recruiters, abgerufen am 30.07.2023

Müller, C. (2017): Wer ist eigentlich diese Generation Alpha?, in https://www.wuv.de/Exklusiv/Specials/Agile-Marktforschung/Wer-ist-eigentlich-diese-Generation-Alpha, abgerufen am 21.03.2023

Peek & Cloppenburg (2021): Trendstudie New Work – Was der Gen Z heute wichtig ist | P&C Karriere, in https://karriere.peek-cloppenburg.de/newwork.de, abgerufen am 13.05.2023

Pentzlin, P. (2022): Krisen, Krisen, noch mehr Krisen: Die Zukunft für die »Generation Z« sieht düster aus, https://www.berliner-zeitung.de/open-source/krisen-klima-covid-krieg-die-zukunft-fuer-gen-z-sieht-duester-aus-li.233836, abgerufen am 12.11.2022, in: Terstiege, M. (2023): Die DNA der Generation Z, Haufe Group

Personalblogger (2022): Hochschulmarketing – Tipps für die Talentsuche und Personalakquise, in: https://persoblogger.de/2022/08/22/hochschulmarketing-tipps-fuer-die-talentsuche-und-personal-akquise, abgerufen am 13.05.2023

Personalwissen (2022): Hochschulmarketing: Erfolgreich Studierende rekrutieren, in https://www.personalwissen.de/personalbeschaffung/hr-marketing/hochschulmarketing/, abgerufen am 10.02.2023

Personio (2023): Hochschulmarketing, in https://www.personio.de/hr-lexikon/hochschulmarketing/, abgerufen am 18.06.2023

Prax, S. (2022): 3 Maßnahmen für die perfekte Candidate Journey, in https://www.hrjournal.de/3-massnahmen-fuer-die-perfekte-candidate-journey/, abgerufen am 20.05.2023

RGBSI (2022): Infographic: 5 Tips to Create a Positive Candidate Experience, in https://blog.rgbsi.com/positive-candidate-experience-infographic, abgerufen am 25.04.2023

Rosenthal, M. (2023): Generation Alpha: Wer sie ist, wie sie tickt & arbeitet, in https://stellenpakete.de/blogartikel/generation-alpha/, abgerufen am 27.07.2023

Rosentreter, J. (2022): Digital Employer Branding – how to win Millennials and Generation Z, Master-Thesis, International School of Management, in: Terstiege, M. (2023): Die DNA der Generation Z, Haufe Group

Schneider, F. (2022): Hochschulmarketing: Tipps für die Talentsuche und Personal-Akquise, in https://persoblogger.de/2022/08/22/hochschulmarketing-tipps-fuer-die-talentsuche-und-personal-akquise, abgerufen am 11.03.2023

Schnetzer, S. (2023): Generation Alpha, in https://simon-schnetzer.com/generation-alpha/, abgerufen am 11.07.2023

Schoch, D. (2022): Warum Employer Branding? Kosten und Nutzen von Arbeitgebermarketing, in https://waldhirsch.de/employer-branding/warum-employer-branding/, abgerufen am 25.05.2023

Statista (2023): Gen Z, Millennials und Generation X – Ein Überblick, in https://de.statista.com/statistik/studie/id/78414/dokument/gen-z-millennials-und-generation-x-ein-ueberblick/?locale=de, abgerufen am 18.07.2023

Talention (2023): Definition: Was ist Campus Recruiting, in https://www.talention.de/blog/campus-recruiting-definition#:~:text=Campus%2DRecruiting%2C%20auch%20bekannt%20als,nach%20 Abschluss%20des%20Studiums%20einzustellen, abgerufen am 26.07.2023

Talentlyft (2023a): What is Candidate Journey?, in https://www.talentlyft.com/en/resources/what-is-candidate-journey, abgerufen am 23.07.2023

Talentlyft (2023b): What is Candidate Persona?, in https://www.talentlyft.com/en/resources/what-is-candidate-persona, abgerufen am 25.06.2023

Terstiege, M. (2023): Die DNA der Generation Z, Haufe Group

Thies, L. (2020): So tickt die neue Generation Alpha, in https://www.augsburger-allgemeine.de/kultur/Journal/Jugendforschung-So-tickt-die-neue-Generation-Alpha-id56478151.html, abgerufen am 09.03.2023

Unisite (2023): Employer Value Proposition (EVP) im Recruiting, in https://www.unisite.ch/rekrutierungsstrategie/evp-employer-value-proposition/, abgerufen am 11.05.2023

Varifast (2018): Wie du als KMU mit Hochschulmarketing gegen die Top Arbeitgeber gewinnst, in https://varifast.de/tipps-hochschulmarketing-kmu/, abgerufen am 20.03.2023

Wolking, S. (2022): Hochschulmarketing: Damit punkten Unternehmen, in https://karrierebibel.de/hochschulmarketing/, abgerufen am 05.03.2023

Xavier, G. (2021): On-Campus Employer Branding Strategies, in https://www.symplicity.com/employers/campus-recruiting/resources/how-to-build-your-employer-brand-on-campus, abgerufen am 07.05.2023

Die Autorin

Dr. Meike Terstiege

Dr. Meike Terstiege ist Vertreterin der Generation X und als selbstständige Beraterin und Trainerin sowie Rednerin und Autorin zu »Marketing & HR Insights – von ZOOMER bis BOOMER« tätig. Als @DOCMARKETEER berät sie Unternehmen zu Digitalem und Strategischem Marketing sowie zu Personalmarketing, zu Campus-Recruiting und Hochschulmarketing sowie zur Auswahl und Steuerung von Agenturen. Sie ist Herausgeberin und (Co-)Autorin zahlreicher Fachartikel und -bücher (u. a. »Effiziente Marketingkommunikation«, »Digitales Marketing«, »KI in Marketing und Sales«, »Marketing Automation«, »Diversität in Marketing und Sales«, »Mensch. Marke. Manipulation.« sowie »Die DNA der Generation Z«). Zudem ist sie aktiv als Vorstandsmitglied der Account Planning Group Deutschland (APGD) und als Hochschuldozentin für Marketing, PR und Wirtschaftspsychologie. Sie studierte Wirtschaftspsychologie an der Universität Mannheim, promovierte berufsbegleitend am Marketing-Lehrstuhl der TU Dortmund und war im Strategischen Marketing auf Unternehmensseite (Henkel, Generali Holding und Allied Domecq) sowie auf Agenturseite (BBDO, Ogilvy, McCann und Edelman) tätig.

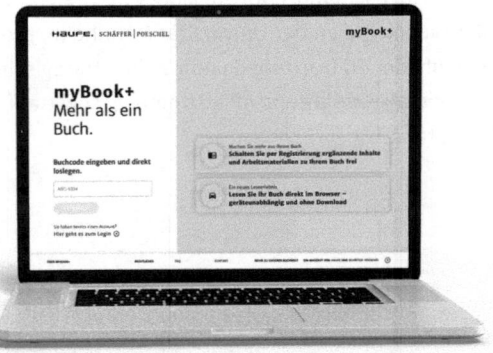

Ihre Online-Inhalte zum Buch: Exklusiv für Buchkäuferinnen und Buchkäufer!

▶ https://mybookplus.de

▶ Buchcode: **TXI-53383**